NON TRADITIONAL SECURITY

逐鹿 太空

迈向太空的新征途

刘 镓 \ 张 琨 · 著

时事出版社

北京

序

　　自远古时代起,人类对宇宙就有着无尽想象和不懈探索。人类关注日月星辰的运转,最初是为了辨识天气和方向、确认农耕时间,如今则更多是为了维护国家战略安全、开发和利用太空资源以及探索星际移民。在不同地域、不同时期、不同繁荣程度的文明中,对日月星辰的关注和记载,体现了人类对宇宙的好奇与崇拜、对宇宙来源与运行规律的思考总结以及在探索过程中所做的点滴尝试,由此构成了一部人类探索太空的远征日记。

人类已走过太空探索发现时代

　　人类对遥远宇宙的好奇和生产生活的需求推动了天体观测的繁荣发展。早在公元前 17 世纪,人类对天体的观测逐渐日常化,记录范围和重点也逐渐从日月扩展到太阳系内的行星和明亮的恒星。公元前 15 世纪,殷商中兴之主太戊帝的助手巫咸凭借丰富的观测经验,创造了航海观星定位的牵星之术,与此同时,在隔着半个地球的尼罗河畔,古埃及神庙的高级祭司们手持麦开特(古埃及人特有的天文测量工具)虔诚地记录着众星辰的位置,不同文明对日月星辰的关注呈现出同步性。文字的诞生让人类的经验得以横向传播和纵向传承,伴随着太阳、月球等天体观测资料的不断积累,它们的周期性运行规律被提炼出来,人类随即用以改善历法、提高生产力。

1609 年，意大利科学家伽利略使用自制望远镜观测天空，发现了木星的四颗卫星，并记录了太阳黑子、金星盈亏等天文现象，从此开启了探索太空的新时代——望远镜观天时代。自伽利略开始，人类就一直在尝试制作更适合天文观测的望远镜，即折射式望远镜。1671 年，英国科学家牛顿研制成功反射式望远镜，并展现了其优于折射式望远镜的功能。此后，牛顿的望远镜被不断改良，并在 300 年后应用于哈勃空间望远镜中，成为人类探索太空的法宝。天王星、海王星、水星等行星的神秘面纱得以陆续揭开，人类的认知从太阳系延伸至全宇宙。

观测手段的多样化，使人类看得更远、更清晰，对太空有了全新的视觉体验，同时也进一步激发了人类的探索欲。20 世纪 60 年代，火箭动力学的进展让人类冲出地球的梦想化为现实，人类的双脚已经不甘心只停留在地球之上。1957 年 10 月 4 日，人类历史上首颗人造卫星"斯普特尼克 1 号"在苏联拜科努尔航天基地发射升空，这标志着人类继裸眼观星时代和望远镜观天时代之后，进入太空探索的航天器时代。随后，一代又一代航天人将一颗又一颗探测器送到了宇宙的各个角落，对地外天体的大气成分、表面物性等展开了精细测量，使人类对地球之外的星球除了视觉，还有了听觉、触觉、嗅觉、味觉等感知，从而对太空有了全面而立体的认知。"水手 10 号"拍摄了第一张水星特写照片，让人类了解到水星上非但没有水，而且还是一半炽热一半寒冷的分裂世界；"金星快车"探测器告诉人类金星并不是女神维纳斯的化身，而是被厚重的云层所覆盖，是个充满硫酸雨和火山爆发的"炼狱"；"火星全球勘探者"用高清照片粉碎了人类对火星之脸的幻想，火星寒冷且荒凉，并不存在任何史前文明的遗迹……

星河浩瀚，探索无垠，人类曾遥望的那一抹黑色正变得绚丽且生动。至此，人类不禁感慨所生活的世界只不过是太空中微不足道的一小点儿，而人类却凭借那与众不同的求知欲和求生欲，形成了探索太空的强大驱动力，在近百年时间里将过去千年间未曾实现的梦想变成现实。

人类正走向太空开发利用时代

人类已迈入第三太空时代,太空呈现出多极化、战场化、产业化三大发展趋势。随着人类活动越来越依赖太空、国家安全越来越倚重太空、资源争夺越来越走向太空,人类开始思考如何借助太空维护国家安全和利益、如何探索地球之外的更多资源,以及如何在环境恶劣的地外天体上筑造人类新家园。这些挑战逐步从数十年前的科幻小说与电影中走进现实,成为当今人类科技发展、社会活动中的切实存在。人类太空活动的目的正从"探索发现"向"安全主导"和"商业活跃"过渡,并形成了军、民、商三位一体的太空发展格局。

继陆地、海洋之后,太空成为未来发展的新疆域。在第三太空时代,太空领域风起云涌,太空能力成为国之重器。目前,已有上百个国家拥有自己的卫星,其中 11 个国家有能力从本国领土发射卫星。60 余年的太空探索让人类欣喜于所取得的伟大成就和进步,同时也让人类开始关注它可能带来的灾难。太空日益被视作"战争食物链"的最高端,太空军备竞赛、太空武装冲突、太空物体碰撞、太空资源争夺等安全风险剧增,太空安全治理、太空活动规则制定、太空开发利益分配、太空环境保护等成为各国亟待解决的问题。但解决这些问题应该由国际社会共商共议,为新的太空时代制定规则,维护太空的全球公域地位,促进各国自由探索和和平利用太空。只有各方就坚持太空自由、和平利用太空等核心理念达成共识,方能防止第三太空时代成为一个大冲突、大破坏的时代。

冲突与摩擦或许不灭,但相互合作和依存却逐渐浩大。太空探索正在塑造一个新的文明阶段,太空经济的发展将促成人类历史上第五次工业革命,以数字化、科技化、指数化方式开创新的市场空间和经济增长点,太空制造、太空农业、太空采矿、太空旅游、太空医疗等新业态陆续出现。一方面,太空技术涉及多个领域,对整个国家的科技与产业有很强的牵引作用；另一方面，太空技术能转化应用到国民经济的各个领域，产生技术溢出效应。当前，太空经济的价值增长点正由以太空运输、航天器研制及卫星应用迈向与人工智能、大数据、物联网等产业的融合发展，使应用场景更加广泛，已成为世界经济发展的新动能、人类美好生活的新要素。当人类已习惯使用无线通信技术、数码摄像技术、空气净化技术、食品冷冻干燥技术之时，不应忘记这一切皆是太空探索带来的福音。

从嫦娥奔月的神话故事到人类探月的伟大一步，从万户飞天的勇敢尝试到载人航天的创新突破，数千年的历史回溯中，人类不断渴望窥探遥远宇宙的奥秘。在这一过程中，有成功，亦有失败，但毋庸置疑，太空探索一次次挖掘出人类的潜能，带来了科技的极大飞跃，也带来了生活水平和认知水平的极大提高。更具现实意义的是，人类在领略了宇宙的瑰丽之景后，也同时意识到地球不过是广袤宇宙里的弹丸之地，但其对人类来说却至关重要。"保护环境，利用太空"，全世界应为这一共识团结起来，一起"为人间谋天上事"，对太空的探索应使地球变得更加美好。

目　　录

第一章

太空理论概述

　　"太空……跨越所有领域，但不是任何人的领域。"但随着"太空"被重建为政治领域，有关强权政治及其与太空探索相互作用的问题必然成为探讨的焦点。

第一节　从追逐海权、空权到太空权

一、历史脉络

意大利航海家哥伦布曾言："世界是属于勇者的。"15世纪末，在葡萄牙、西班牙王室的支持下，欧洲航海家们怀揣着勇气与梦想，踏上了探索之旅，"地理大发现"时代由此开启。新航路的开辟打开了人类往来的又一扇"天窗"，在经济利益的驱动下，欧洲人通过海路前往世界各地，更广泛地参与到"寻金热"的浪潮中，也将世界带入全球化的历史进程。

海洋在成为商贸通道的同时，也被各国视为对外战略的重心。西班牙、葡萄牙、荷兰、英国等欧洲强国争相谋取绝对统治地位，力图掌握海洋控制权和话语权，以期在跨国贸易和资源掠夺中积累雄厚财富，为征服世界提供坚实的物质保障。长达数世纪的海洋之争为学者们提供了丰富的研究素材，军事家们基于对世界海战史的考察，发现地理因素在权力之争中扮演着重要角色。19世纪与20世纪之交，地缘政治学说应时而生。从海权论、陆权论到空权论，以地理空间为划分标准的学说体系不断完善，得到各国广泛认可，被视为制定外交政策、建设国防体制的重要参照。

"谁控制了海洋，谁就控制了世界"——这是古希腊哲学家西塞罗的名言，也是海权论的思想核心。海权论的创立者阿尔弗雷德·马汉提出，海洋关系着国家安全，控制海洋是发展贸易、寻求财富、获取海上行动自由的必要条件。因此，想要称霸世界，掌控海洋乃首要之务。海权论"生逢其时"，在很大程度上迎合了西方强国对外扩张的需求，被英国、美国、日本、俄国、德国等引介到本国大力宣传。在海权论的影响下，英国、德国先后颁布了《1889年海防法案》《海军法案》，以两国为代表的两大军事集团在第一次世界大战（简称一战）前夕开展军备竞赛，纷纷扩大海军规模、建造船坞制造工厂。截至 1914 年，德国拥有 17 艘造价 2000 万美元的"无畏舰"和 7.9 万名海军，英国则拥有 29 艘"无畏舰"，海军人数达 20.9 万。一战使得海军实力愈发成为衡量国家作战能力的重要参照，日德兰海战等战役也被写入了世界军事史，而海洋上的较量并未随着一战的结束而落幕，对于海洋军备的狂热投入贯穿了整个 20 世纪。第二次世界大战（简称二战）时期，航母成为海洋权力争夺的有力保障，美军在整个二战期间建造了 155 艘航母，同日本在太平洋海域展开的六次航母大战更是直接推动了其海洋霸权的形成。冷战时期，核武器的威胁渗入海洋，以美苏为首的两大阵营积极研发深海潜水器。苏联的钛合金 685 型攻击核潜艇、"列宁号"核动力破冰船，美国的"鲟鱼级"攻击核潜艇、"洛杉矶级"攻击核潜艇等武器形成了强劲的战略威慑。法国总统戴高乐直言："没有核武器的国家，算不上真正的大国。"毋庸置疑，大航海时代之后，海洋之争从未止息。而经历了两次世界大战和冷战，世界各国都更加充分地意识到海洋的战略意义。时至今日，那片蔚蓝依旧让人类痴迷。

海洋虽然辽阔，却无法满足人类对所处世界探索的渴望，正如一句欧洲谚语所说："瞄准天空的人总比瞄准树梢的人要射得高"。对人类而言，天空意味着遥远，也隐喻远大的志向，更是大有可为的广阔区域。意大利军事理论家朱里奥·杜黑最先察觉到天空在权力争夺中的战略意义，其于 1921 年发表的著作《制空权》是空权论的开山之作。杜黑指出，飞机用于战争会大大削弱海陆防御体系对国家后方的保护能力，在此情况下，控制空域是实现作战胜利、维护国家安全的必要前提。而空战不仅会改变以往战争的面貌，更将在未来战争中起决定性作用。二战期间，大量军用飞机进入战场，用于作战、轰炸、运输，天空随即成为主战场之一。1939 年，德国在开战两天后迅速掌握制空权，成功掩护地面部队入境波兰深处；1940 年，不列颠空战中的惨败致使德国不得不放弃入侵英国的计划；1940 年起，同盟国对德国、日本等地的轰炸加速了反法西斯作战胜利的进程……在人类进入天空后，制空权便对战争的走向产生了决定性影响。简而言之，拥有制空权就等于稳操胜券。

时间滚轮向前推进，人类的活动空间纵向延伸，迈向未知而神秘的空间——太空。太空吸引着人类、诱惑着人类，嫦娥奔月的传说流传千年，宇宙探索之路走过数百年，而太空权力之争不过数十载，却已让逐梦苍穹的千年理想照进了现实。1957 年，世界上第一颗人造地球卫星"斯普特尼克 1 号"成功发射，拉开了人类逐鹿太空的序幕。随后，美苏在太空竞赛中你追我赶、互争雄长，将卫星、火箭、宇宙飞船、空间站等航天器推上历史舞台，为人类深入太空提供了必要的物质载体。在此期间，尤里·加加林完成了第一次载人航天飞行任务，尼尔·阿姆斯特朗在月球上迈出"人类的一大步"，举国之力的支持下，宇航员们摆脱地心引力的桎梏，踏上了逐鹿太空的漫漫征途。冷战后，以技术发展为支撑的太空探索成为主流，美国利用 SETI 计划（Search for Extra - Terrestrial Intelligence，寻找外星智能计划）和凤凰计划（Project Phoenix，寻找地外文明计划）探寻外星高智生物，发展废弃卫星零部件回收及再利用产业；俄罗斯、日本、印度、法国、英国等国纷纷制订航天计划，在登月、探测太阳系行星等方面做出尝试；美国太空探索技术公司（SpaceX）等公司为普通人提供太空旅游服务，创造了巨大的商业价值……曾经难以企及的太空，成为越来越多人可以到达的远方。

正如"航天之父"康斯坦丁·齐奥尔科夫斯基所言："地球是人类的摇篮，但人类不会永远待在摇篮里。"逐鹿太空是大势所趋，亦是题中之义，那片遥远而神秘的未知空间，让人类倾注了大量心血，也将为人类提供无限可能。

二、行为逻辑与机制建设

人类得以将探索的脚步延伸至太空，首先源于那纯粹的想象力和好奇心。作为人类活动加速器的技术，则赋予了日新月异的世界更多未知的可能性，人类冒险的步伐始终不曾停歇。然而，探索欲望和技术依托在前，利益纷争却也紧随其后。在人类主观愿望、现实技术、利益争夺等太空活动行为逻辑之下，太空机制建设的必要性逐渐进入人类遥望太空的视线。

纵观人类历史，那些最有效地从人类活动的一个领域转入另一个领域的民族，总能获得巨大的战略优势。与海洋类似，浩瀚无边的太空同样蕴藏着数不尽的资源与财富。太空具有疆域广阔、位置高远、环境特殊、资源宝贵等特点，对解决人类社会面临的资源与环境问题、国家关键信息基础设施建设、科学探索和国家新兴技术与产业的发展，都具有十分重要的意义。而作为太空探索利用中最活跃、最具革命性的因素，太空技术的发展和应用影响着工业、空间通信、遥感和导航等相关产业，其在军事领域的运用更直接关系到各国的国家安全。随着对太空领域探索、开发、利用、保护过程的推进和深化，人类已形成共识：太空日益成为国家安全的"高边疆"、军事斗争的制高点，是未来国家安全和国际竞争的战略关键，太空力量是国家力量极为重要的新来源和组成部分。因此，随着科学技术的发展和对太空探索能力的不断增强，越来越多的国家和机构在利益驱动下，投入到太空资源的开发和利用活动中来。同时，越来越多国家主体和私人力量的介入，无形中将太空价值抬升到新的高度，新一轮太空利益博弈蓄势待发。

伴随着太空技术革新及太空威慑理论的影响，大国间太空竞争不断加剧，利益冲突频发，国际太空治理的政治化趋势不可避免。新自由制度主义认为各行为体之间达成的国际规则、国际机制以及国际惯例等可以帮助国际社会减少冲突，并提出由国家间的利益趋同促成国际合作是大势所趋。美苏争霸时期，太空成为军事活动的最前沿和国家利益的新边疆，两国军事力量的此消彼长，推动了国际太空治理进程。20 世纪 50 年代至 60 年代初，在太空治理的萌芽阶段，国际社会建立了以联合国和平利用外层空间委员会为代表的国际机构，确立了国际太空治理的基本原则；20 世纪 60 年代至 80 年代，由联合国主导，构建了太空治理系统性的制度体系；20 世纪 90 年代至今，随着两极格局瓦解，太空权力结构呈现"一超多强，竞争多极"的状态，大国间利益博弈更加错综复杂，治理制度的局限性也逐渐暴露。其一，现有太空治理机制约束力和合法性不足。如《关于各国探索和利用包括月球和其他天体在内外层空间活动的原则条约》（简称《外层空间条约》），并没有专门的机构落实条约规定。其二，现有太空治理机制的公平性、正义性和包容性不足。参与太空活动的国家数量虽有大幅度增加，但真正有能力参与太空开发和治理活动的依旧局限于少数国家，其间存在着巨大的"治理鸿沟"。其三，现有太空治理机制主要针对国家行为体，私人实体公司未能纳入到现有治理体系，落实和完善相关监管体制和法律保障仍面临诸多困难。目前，太空安全领域有关各国对军备竞赛威胁的"共同厌恶"使各方在安全问题上拥有共同愿望，加之主要大国反太空能力的发展，这些都有利于太空安全机制的完善，有助于国际秩序的稳定。

跨越时空，各个民族都曾不约而同地将最权威的力量认定为来自头顶的上天，从"天授君权说"到天象观测，无不体现着人类对太空由来已久的向往和敬畏。但直到最近 60 年，随着生产力的发展，人类征服自然、改造自然的能力才得以克服地球引力，展开了史无前例、蓬勃发展的太空开发利用活动。"观念是行动的先导，往往通过行为体之间观念互动的社会过程起作用。"① 相关事件引发的观念互动将影响太空治理的发展方向。我们不得不承认，在世界各国探索利用太空的社会实践中，各太空主体都有各自不同的利益，而且利益是多方面的、多元化的。但是，不容忽视的事实是，太空既事关各国国家安全和国家利益，又事关世界和平，更事关人类的前途命运。关注太空不仅是关注国家安全与发展，同时也是关注人类发展的未来。各国积极参与太空国际安全合作，推动太空活动透明度和信任机制建设，是维护和拓展太空安全和发展利益的理性选择，是未来可期的美好

---

① 中国联合国协会主编：《联合国 70 年：成就与调整》，世界知识出版社 2015 年版，第 466 页。

坦途。

随着太空行为体的增加、太空活动的多样化，太空领域内的战略利益博弈日趋复杂，但我们需要始终秉持"探索宇宙奥秘、拓展生存空间"的美好愿景。正如欧洲空间局局长简·沃纳所言，"各国在太空领域互相竞争与合作，但参与的国家越多，人类取得成就的概率就越大"①。

三、太空权力探析

作为公共领域的太空，具有价值不可估量的全球覆盖能力和商业资产，主权国家间出于应对威胁、维护太空资产与国家安全等目的，必然要对太空权力展开争夺。各太空主体存在经济社会基础和太空技术能力的差异，投射到太空社会关系上，不同太空主体之间既有对立与斗争的关系，又有协作与联合的关系。在太空社会关系运行过程中，冲突与矛盾不可避免，这就需要靠权力进行调整、控制和支配。

太空事业蓬勃发展之时，太空权力相关理论的建设也循序推进。控制太空的权力简称"制太空权"或"制天权"，美军中校大卫·勒普顿将制天权定义为"利用太空环境来追求某种国家目标的能力"。作为二战后崛起的世界强国，在航天器诞生之初，美国便觉察到太空在军事方面的价值。20世纪50年代，空军准将伯纳德·施里弗提出国家安全依赖于"太空优势"，受此影响，美国加快了太空军事化的步伐，提出太空轰炸机研发计划、设想在月球上建立军事基地、制订用于导弹预警的"国防支援计划"。20世纪60年代初，美国总统肯尼迪发表"谁能控制太空，谁就能控制地球"的论断，制天权思想已见雏形。20世纪80年代，国防情报局前局长丹尼尔·格雷厄姆提出"高边疆"的战略构想，设想以太空为基地，建立分层式的防御体系，以消除苏联的军事威胁，在冷战军事对抗中取得绝对优势。在太空军

---

① 戚易斌：《人类登月50年 中国迈出太空合作新步伐》，中国网，2019年7月23日，http://news.china.com.cn/txt/2019-07/23/content_75022675.htm。

事化之外，该战略还着眼于利用空间资源发展太空工业、商业、运输业。20 世纪末期，制天权理论进入西方学术界的视野，美国航空航天局前工程师詹姆斯·奥伯格在其著作《天权论》中宣扬太空力量的独特性，提出太空是独立于天空、充满挑战与机遇的复杂环境。这也意味着，仅仅依靠传统地缘政治理论难以有效解决太空问题，天权论的建设任重而道远。

20 多年过去，太空权力理论仍处于百家争鸣的状态，尚未发展出具有代表性、被广泛认可的体系。而 2020 年美国天军发布的《太空顶层出版物：天权》为"天权论"的成形注入了强心剂，同时也预示着太空将在新一轮的国家力量角逐中取代海、陆、空，成为举世瞩目的焦点。不难发现，近年来，世界各国军事动作不断，纷纷扩充天军力量，力图在太空权力争夺中抢占先机。2015 年，俄罗斯将空军和空天防御军合并为"俄罗斯空天军"，推进建立全面的多层空天防御体系；2019 年，美国将太空军事部门设立为独立的军事机构，加速其在太空领域的"统治力"的建设；2020 年，日本宣布组建"宇宙作战队"，以应对海、陆、空以外的新战场；2021 年，法国举行首次近地空间军事演习，意在提升处理太空冲突的能力……

太空权力的基础是太空能力，太空技术和太空商业资产则是太空能力的重要组成部分。太空技术的出现首先源于军事需求的推动，即服务于美苏争霸时期的核战略威慑、核军备竞赛等，这种逻辑贯穿于1957 年以来的太空时代。太空系统在 1991 年爆发的海湾战争中被广泛运用于现代战争支援，这意味着有限太空战的开始；而在其后的伊拉克战争与阿富汗战争中，太空则被完全纳入了联合作战。进入 21 世纪以来，技术的发展降低了人类探索太空的门槛，拓展了开发利用太空的规模、广度和深度，一定程度上有利于全人类共同利益的增进。太空能力和应用迅速渗透到民用、商用领域的各个方面，对地观测卫星、通信广播卫星、导航卫星等广泛应用于气象预报、资源开发、广播电视、交通运输、灾害预防及应急搜救等日常生活的各个领域。在 2004 年印度洋海啸、2011 年日本核反应堆泄漏等事件中，卫星实时高分辨率图像就为紧急救援提供了重要支持，同时有助于后续的安全防护、物资分发及通信网络搭建等工作。在信息化时代，若没有"太空段"的衔接，信息的流动将不可能通畅，也就谈不上真正意义上的数字化生活。好奇心和探索的欲望驱使着人类征服宇宙，人类在广漠的宇宙中克服重重困难，出发、抵达、再出发……如同几百年前征服海洋使得物产和财富得以流通，人类进入太空的步伐同样给地球带来了翻天覆地的变化。人类未来的生存和发展理应成为太空权力的根本所指。

不可置否，太空权力日益成为国家"权力—利益"格局的重要影响因素，传统地缘政治的权力角逐正辐射太空领域。太空力量对政治、经济、军事等领域的发展有着日益重要的影响，其既可成倍放大国际政治权力，又可快速融合国际政治利益。同时，太空因其自身独特的公域性和脆弱性，加剧了太空治理困境。从太空的社会属性来看，太空属于完全的国际公域，联合国大会第 1721 号决议有明确表述：外层空间（太空）供所有国家按照国际法自由探测和利用。根据现有的太空法律及机制，卫星等航天器的在轨运行不存在侵犯一国领土、领海、领空的问题，这给予了太空大国极大的行动自由，增加了太空权力争夺的激烈程度。而另一方面，太空系统存在固有的脆弱性，具有高风险、高成本的特点，尤其是在太空对抗武器的出现和发展后，这一特性越来越显著。但也正是由于太空武器自杀伤效应和太空极易进行非对称反制的特点，各太空主体间呈现出势均力敌的制衡状态，使暂时或长久的太空合作成为可能。

国际形势的风云变幻，意味着太空不是绝对安宁之所，而是保持着相对的平和，等待着人类一次又一次突破性的探索。人类逐鹿太空的历史不足百年，成就与困境共存，人类仍将致力于更趋完善的太空秩序建设。

第二节　逐权太空易陷入"修昔底德陷阱"

一、伯罗奔尼撒战争及"修昔底德陷阱"源起

古希腊时期，几百个城邦各自为政，相互间经常械斗，战争频繁。这些城邦中，雅典和斯巴达主导着整个古希腊的命脉，并将各城邦国分为了两大同盟。斯巴达领导着伯罗奔尼撒同盟，雅典领导着提洛同盟。伯罗奔尼撒同盟是伯罗奔尼撒半岛上各城邦的一个防御性同盟，斯巴达握有主导权；提洛同盟是在公元前478年由雅典建立的，该同盟建立之初是为了应对波斯，后逐渐沦落为雅典掌控其他城邦的媒介。随着雅典和斯巴达各自联合的城邦越多，双方对抗形势愈发严峻，其在政治、文化、经济等多方面竞争与冲突逐渐加深。经济上，双方争夺各大贸易市场，为各自的国家及同盟积累财富；政治上，双方都试图主导全希腊的内部政治事务，以争夺希腊主导权。加之双方政治立场有所不同，雅典方积极支持希腊各城邦的民主派，而斯巴达方则支持希腊各城邦的贵族集团和寡头政治集团。随着各城邦联合的趋势（这种趋势与城邦的自治制度发生了激烈的冲突）增长，雅典和斯巴达争夺政治统治权的斗争愈发激烈。最终，公元前431年至公元前404年，伯罗奔尼撒战争爆发。近30年的战争让雅典和斯巴达双方均遭到致命打击。

雅典将士修昔底德[①]在目睹了这场吞噬他家乡的战争后，根据自己对伯罗奔尼撒战争的深刻认识，将两大城邦间武装冲突爆发的细节及战争死伤人数记录下来，详细记载在著作《伯罗奔尼撒战争史》中。修昔底德在书中并未过多关注引起战争的因素（诸如政治、经济、文化等），而是聚焦于战争两大主体国——雅典和斯巴达。在他

---

① 于公元前424年被推选为雅典的"十将军"之一，同时亦是古希腊著名历史学家、文学家。

看来，"雅典成就的迅速崛起以及因此而引起的斯巴达的恐惧"是驱动战争发生的根本原因，此即最初的"修昔底德陷阱"：在不考虑动机时，当一个崛起国威胁取代现有守成国时，由此产生的结构性压力就会导致暴力冲突，无一例外。

2017年，格雷厄姆·艾利森①将"修昔底德陷阱"用于近现代国家关系分析，使得这一概念广泛传播。艾利森把长期以来世界范围内的十多个案例集合在一起进行探讨：自1500年以来，一个新崛起的大国挑战现存大国的案例一共有15例，其中发生战争的就有11例。在欧洲，德国统一后迅速崛起为主要的经济和军事强国，这加剧了与英国等主要大国之间的竞争与紧张关系，成为两次世界大战爆发的重要背景因素。在亚洲，日本崛起之后，与西方列强争夺在亚洲的统治权，试图挑战欧洲殖民者在亚洲建立起来的或正在建立的秩序，确立以日本为中心的亚洲秩序，最终爆发了日本以反对西方列强为名而侵略亚洲其他国家的战争，并导致了西方列强的回应。基于这些真实案例，艾利森提出：崛起国和霸权国之间必然存在冲突，而冲突引发的战争必然导致难以想象的结局。

二、冷战时期"太空竞赛"

在太空实力上，一个太空力量不断发展的国家，必然要挑战现存的太空强国，而现存的太空强国也必然会想办法回应这种威胁，加之太空资源占有冲动的驱使，现存太空强国对新兴国的太空事业发展存在较多负面认知，这种基于太空实力的大国间矛盾冲突将在所难免。随着太空实力长期地增长，局部竞争偶有发生，加之观念不同、缺乏国与国的沟通，部分国家在太空问题上对抗色彩日益浓厚，太空安全困境日益凸显。各太空强国处在一种急剧紧张的氛围之下，陷入了太空"修昔底德陷阱"的误区。

---

① 哈佛大学肯尼迪政府学院首任院长、哈佛大学肯尼迪政府学院贝尔福科学与国际事务中心主任。

冷战期间的太空秩序主要由美苏两个超级大国所掌控，双方挑起的太空竞争激烈万分。在苏联和美国背后，各自的同盟国也紧随其后。美苏通过竞争促进了双方及各同盟国太空事业的发展，同时为世界太空技术进步提供支持。

早在二战后期，美国和苏联两国就在瓦解德国防御的同时，开始收集和 V-2 导弹①相关的研究成果，网罗专业研究人员。苏联得到了大量导弹样品，为逆向工程奠定了基础。而美国则将德国航天领域顶尖人才冯·布劳恩②引进，后者在未来几十年的时间里为美国的航天事业做出了巨大贡献。

二战尘埃落定，美苏由暗斗转为明斗，两国"太空竞赛"正式开始。1955 年 7 月 29 日，杜鲁门正式声明将在 1957 年国际地球物理年发射人造卫星。四天后，苏联也扬言要发射自己的卫星，其领军人物康斯坦丁·齐奥尔科夫斯基以及他的弟子谢尔盖·科罗廖夫所领导的苏联团队，在获取大量资源之后，便积极进行航天技术开发。1957 年 8 月，改装版 R-7 导弹试飞成功，射程可覆盖美国本土。两个月后，苏联又将人类第一颗人造卫星"斯普特尼克 1 号"成功送入近地轨道，帮助苏联打赢了太空竞赛的第一战，也开启了人类的太空时代。一个月后，科罗廖夫又赶在十月革命纪念日前，让苏联狗"莱卡"成为第一个太空访客。

在苏联率先成功的重压之下，时任美国总统艾森豪威尔于 1958 年 7 月 29 日批准了《美国国家航空暨太空法案》，国家航空与宇宙航行局的设置工作正式提上日程。1958 年 10 月 1 日，美国航空航天局正式登上历史舞台。同年，冯·布劳恩在国会充足的资金支持下，带领团队开发出了朱庇特 C 型火箭，并在 1958 年 1 月 31 日成功发射人

---

① 指德国在 1942 年研制的第一种弹道导弹，威力巨大。
② 罗绪：《冯·布劳恩：现代火箭奠基者》，《太空探索》2018 年第 6 期，第 66—67 页。

类第二颗人造卫星"探险者1号"①。

后续苏联和美国的"太空竞赛"越来越火热，创下众多太空壮举。1961年4月12日，尤里·加加林搭载第一个载人航天器"东方1号"成功上天，108分钟环绕地球飞行一周，实现了世界上首次载人航天，开创了人类进入太空和开发利用宇宙的新纪元，向世人展示了苏联太空技术的领军地位，以及人类正式进入太空的可能性。1963年6月16日，苏联女宇航员瓦莲京娜·捷列什科娃乘坐宇宙飞船"东方6号"升空，一共飞行了70小时50分钟，共绕地48圈，成为人类历史上进入太空的第一位女性。1965年3月，苏联宇航员阿列克谢·列昂诺夫完成了人类历史上第一次太空漫步②。面对苏联的一次次成功，美国并未停下太空技术研发的脚步，为回应苏联的各项壮举，美国总统肯尼迪说："我们决定在十年内登上月球并实现更多梦想，并非因为它轻而易举，而是因为它困难重重。"志在登月的"阿波罗"计划从此开始。为了助推"太空竞赛"，1966年，美国拨大量资金给美国航空航天局，展示出必胜的决心。次年，冯·布劳恩为美国研制出了雄伟的运载火箭——"土星5号"。1969年7月，也正是这座火箭将"阿波罗11号"送入月球轨道。

然而，登月却成了美苏"太空竞赛"最后的高潮。当美国宣布要登月之时，苏联也试图行动，可科研巨匠科罗廖夫因病去世，他的继任者瓦西里·米申在1969年研制完成的N-1运载火箭接连发射四次都以失败告终。在经济、人才等多方面衰退的情况下，苏联的进一步太空计划夭折了。而美国在对手衰落后，也逐渐减少了对美国航空航天局的高额投入，后续一系列航空计划如月球基地和登陆火星等都被无限期搁置。自此，苏联和美国的太空竞争转为小范围争斗。1975年7月17日，"阿波罗"飞船与"联盟号"飞船实现了太空对接，美苏

---

① 张京辉：《趣味航天币——美国第一颗人造卫星》，《太空探索》2005年第5期，第38页。

② 苏晓禾：《列昂诺夫：漫步太空第一人》，《太空探索》2018年第12期，第64—65页。

两国宇航员握手言和。20世纪90年代苏联解体，"太空竞赛"正式谢幕。

值得注意的是，冷战期间，苏联和美国在太空技术研发上投入大量人力物力拼命竞争的同时，各同盟国也不断发展着自己的太空技术，加入到这场"激战"中，试图分到自己在太空领域的一亩三分地。"太空竞赛"的异常激烈，使美苏及其同盟国都在太空事业上取得了耀眼的成绩，太空技术提升迅速，也为世界太空事业的发展做出了贡献。但"太空竞赛"存在着明显的竞争意味，两大顶尖强国在太空领域的竞争火力十足，也诱导各自同盟国在太空领域奋起发力，双方为了在"太空竞赛"中取得胜利，忽略了背后的矛盾冲突，致使外界对大国太空关系产生猜忌，人们开始思考太空的"修昔底德陷阱"。

三、新世纪太空的"修昔底德陷阱"

冷战结束后，特别是进入21世纪以来，世界主要国家对太空的重视程度越来越高，无论是航天大国还是新兴崛起国家，都投入巨资开发航天技术，甚至"将发展航天技术视为提升综合国力和国际地位的战略性举措"①。各国太空实力增长迅猛，新一轮国际太空竞赛拉开帷幕。

俄罗斯重整旗鼓，复兴太空强国地位。在苏联打造的强大太空事业基础上，俄罗斯继承了一系列先进太空探索技术，其核心竞争力即来源于冷战时期奠定基础的精湛火箭技术。此外，俄罗斯掌握着一套自己的全球导航系统，并且在国际空间站的建设中也发挥主要作用。

日本航天事业开始于1955年东京大学"铅笔"火箭水平发射实验，并迅速发展。近年其突破性地完成了全球首次小行星采样并返回的任务，2014年12月，日本宇宙航空研究开发机构（简称JAXA）发射了搭载着"隼鸟2号"的小行星探测器；2018年，该小行星探

---

① 廖春发：《2006年世界航天进展综述》，中华人民共和国国家航天局网，2008年4月8日，http://www.cnsa.gov.cn/n6758968/n6758973/c6771987/content.html。

测器抵达了一颗编号为 1999 JU3 的小行星；2020 年 12 月，该探测器在滞留 1 年多后携带 1999 JU3 小行星上的灰尘样本顺利降落澳大利亚，成功返回地球。通过一系列技术研发，日本成功跻身国际太空大浪潮。

印度太空事业的建立离不开苏联的技术援助。1975 年，印度依靠苏联火箭发射了自己的第一颗人造卫星"阿耶波多"，正式进入太空时代。如今其已具备制造和发射运载火箭、人造卫星、地面控制与回收等技术，拥有完整的空间研发体系。同时，印度致力于建造低成本卫星和运载火箭，在该方面占据着一定的商业份额。

欧洲另辟蹊径，欲与美国抗衡。2003 年 11 月 11 日，欧盟推出了《航天政策行动计划白皮书》，提出整合全欧资源，实施统一的欧洲航天发展战略和航天计划，大幅增加航天投入，加强航天产业基础和人才培养，争取在航天制造业、全球导航、太空探索等重要领域获得战略上的独立自主性和经济上更强的国际竞争力。2009 年底《里斯本条约》启动，欧洲各国在协调上更加顺畅。近年欧洲各国太空实力发展迅猛，法国作为航天航空工业发达国家，是欧洲空间局的主要成员国，其于二战后发展出了相对独立的核科技和航天技术，制造的大容量高端通信卫星大量对外出口，可谓推行航天商业化最成功的国家；德国航天技术在二战前领先于欧洲甚至世界，著名的 V－2 火箭即为当时杰作，二战后德国专家和技术被大量瓜分，但德国仍旧在经历短暂的衰落后重新崛起；英国早在 1909 年就开始发展航空航天制造业，经过近 100 年的发展，其在航天产品的设计、研发方面一度处于世界领先地位，亦是世界上第一个太空倡导组织——英国星际协会的所在地。

太空强国不断发展自身太空实力，各国之间合作不断、比拼不断，新一轮的太空竞赛由此产生[①]。由于各国在发展自身太空实力之

---

① "国际政治与经济综合研究"课题组：《国际太空竞赛及其对世界经济的影响》，《世界经济与政治论坛》2010 年第 2 期，第 13—22 页。

时，难免会与其他国家相比较、相竞争，偶有难以避免的矛盾与冲突发生。在太空探索事业发展过程中，太空实力不断发展的大国与现存的太空大国之间存在着较为严峻的矛盾冲突，这种矛盾冲突如果急剧加重，到了近似于雅典和斯巴达及其所领导的两大同盟之间冲突的程度，就可能导致无法估量的后果产生，造成太空的"修昔底德陷阱"。

第三节　太空安全共同体

20 世纪五六十年代以来，太空对促进国家全面发展的影响逐渐加深，社会经济发展和国防军事建设严重依赖太空系统，太空安全已成为一个国家安全不可分割的重要组成部分，维护太空安全成为决定国家未来生存和发展空间的战略"高边疆"。不过，维护太空安全，进而保障国家安全，单凭一国自身的努力难以实现，国家间共同推动建设太空安全共同体的观念由此产生。

一、太空"公地悲剧"

1968 年，加勒特·哈丁在《科学》杂志上发表了名为《公地的悲剧》一文。其中，哈丁以十五六世纪英格兰封建领主为牧民无偿提供牧场，供其自由使用为背景，设置了一群牧民共同使用一片可兹免费利用的公共牧场的场景。文章指出，即便羊群数量已达到牧场最高承载量，继续增加牧羊数量将招致草场退化的恶果，但由于这一后果将会由使用这一草场的全体牧民承担，且短期内个体牧民并不会直接感受到增加羊群数量所带来的恶果，因此，对于牧民个体而言，增加一头羊所需个人承担的成本远低于其带来的收益。若仅为个人私欲考虑，牧民个人定会选择增加其羊群数量，以提高自身收入。但若所有牧民均为一己私利做出如此选择，那么"公地惨剧"便将上演：牧场中羊群数量将无节制地增加，逐渐超过牧场的承载量，进而造成草场持续退化，直至草场无法再用于放牧，羊群饥饿而亡，全体牧民破产。[①]

　　哈丁的文章揭示，如果人们仅从个人理性的角度出发，为实现个体利益最大化而不加节制地利用公共资源，最终将致使资源消耗殆尽。与大气、海洋一样，太空也是人类所共有的资源。1957 年苏联发射第一颗人造卫星后，美国、法国、日本等国家亦参与到太空开发之中，发射卫星、太空舱等航天器，开展各类武器实验，在太空这片"公地"放牧。20 世纪末 21 世纪初，美国蓝色起源公司、太空探索技术公司等私营航天企业亦加入到太空"牧羊人"行列之中。"牧羊人"增多，太空中的"羊群"——航天器数量增长迅速，截至 2022 年 1 月，太空中已有超过 4800 颗人造卫星。

　　太空"羊群"的增多，造成太空"草场"退化。太空拥挤问题日益凸显，太空频轨资源紧张，继而致使航天器间无线电频率互相干扰，增加了航天器相撞的概率，威胁其运行安全。而被竞相送入太空的大量航天器，也带来"太空垃圾"泛滥问题。寿命已尽而报废或因事故和故障而失控的人造卫星、发射各类航天器时使用过的火箭及其部分零件，以及大块碎片相互碰撞后产生的小碎片，成为"太空垃圾"，飘荡在太空轨道之中，直接威胁到航天器运行安全。2009 年美俄卫星相撞事件便是例证。据 2022 年俄罗斯航天局观测，太空中大于 10 厘米的太空垃圾碎片超过 2.5 万个，毫米级的碎片已需以亿计数。这些碎片已对航天器安全构成极大威胁，在未来将严重阻碍人类进一步探索、利用太空。不仅如此，部分国家还试图武装"羊群"。2019 年，美国率先开始建设太空军，加快太空武器研发。法国、日本、英国、印度、德国等太空强国也不甘示弱，纷纷设立太空部队，展开太空军备竞赛，以确保本国太空安全。此种大国间的太空军事力量的角逐，将加速太空武器化、军事化进程，进一步威胁、损害太空"公地"安全，阻碍其他国家平等、自由地利用太空资源。

---

　　① Garrett Hardin, "The Tragedy of the Commons", Science, Vol. 162, No. 3859, 1968, pp. 1243 – 1248.

二、避免"公地悲剧"，构建太空安全共同体

要避免"公地悲剧"，一条路径是将公共资源私有化，界定、明晰产权；另一条路径则是制定利用规则、设置监督机制、提高使用者的互利意识，借由制度理性与观念道德，约束相关使用者在追求个体利益的同时，有节制地利用此类具有非排他性的公共资源。

在太空领域，若要避免"公地悲剧"，第一条路径并不可行。"太空是人类所共有的资源"这一观念早已成为太空开发参与国间的共识，1967 年联合国出台的《外层空间条约》中也明确规定："各国不得通过主权要求、使用或占领等方法，以及其他任何措施，把外层空间（包括月球和其他天体）据为己有。"因此，如欲维护太空这一"公地"安全，打造太空安全共同体势在必行。参与太空开发中的各行为体，需互商互谅，制定、完善太空国际法体系，推动太空领域的国际合作，以构建和谐的外层空间秩序。

20 世纪 60 年代起，为保障世界各国自由、平等地进入太空，探索和利用这一"公地"资源，联合国积极推动建立、完善空间国际法体系。1963 年联合国大会通过的《关于各国探索和利用外层空间活动的法律原则宣言》，在空间立法上迈出重要一步。1967 年《外层空间条约》的签署，为空间国际法体系立下基石。此后，太空国际法体系逐渐完善，进入 21 世纪后，中国、俄国、欧盟、美国等国家及国际组织，在减缓太空碎片、加强太空军控及太空信息透明化等方面发出倡议，尝试建立多边规则，发展太空国际法体系，减少太空中的人为威胁，遏制太空军事化，维护太空安全。

开展太空项目上的国际合作，也是避免太空"公地悲剧"的良策。国际空间站项目是太空国际合作的重要成果。1993 年美俄两国商讨共同建设国际空间站，1998 年第一个组件发射升空，空间站正式开工建设，由俄罗斯航天局、美国航空航天局、日本宇宙航空研究开发机构、加拿大国家航天局和欧洲空间局共同运营。目前已有来自 20 个国家的宇航员和太空游客登上国际空间站，进行生物学、物理学、

天文学、地理学、气象学等领域的微重力环境下的研究实验。2021年6月，中国国家航天局与俄罗斯国家航天集团共同发起国际月球科研站（ILRS）项目，邀请其他国家、国际组织和国际合作伙伴共同参与建设利用，共同合作，实现对月球高效的研究、探索和利用。2023年2月，国际月球科研站已全面启动，并计划于2028年完成基本型，开展月球环境探测和资源利用实验。

全球范围内太空力量的发展，虽加剧了太空领域国家间的竞争性、对抗性，也带来了太空碎片增多等太空环境问题，但与此同时，拥有强大航天技术的国家增多，相互制衡，新兴太空力量不敢轻易挑衅具有绝对实力的国家的霸权，而具有太空优势的国家，亦认识到继续推动太空战、太空军备竞赛将产生严重后果。不少国家意识到应审慎地进行太空安全决策，推动建立地区性、国际性太空技术及安全合作组织，共同对抗部分国家所图谋建立的太空霸权，推动实现太空集体安全。

1975年，由欧洲多国政府组成国际空间探测和开发组织的欧洲航天局成立，目前共有19个成员国。该局强调太空的和平利用，发展欧洲太空能力，确保太空领域的投资，持续为欧洲和世界公民提供福利。自成立以来，该局开展了伽利略定位系统、"火星快车号"等项目，在推动太空技术发展上发挥了重要作用。根据1992年《欧洲联盟条约》规定，欧盟任务之一便是实行共同外交与安全政策，争取实现共同防务。欧盟积极利用其太空技术优势，集中力量，建设太空共同基础设施，确保欧洲的太空自主权与太空活动的自由，谋求欧洲的太空安全。20世纪90年代起，欧盟积极建设伽利略定位系统、"哥白尼"计划、"欧洲地球静止导航重叠服务"项目，加强欧洲的太空力量。欧盟亦陆续出台《建立太空监视与追踪支援框架之第541/2014/EU号决定》《建立联盟太空计划与欧盟太空计划机关》《欧盟太空交通管理方法》等，尝试建设追踪监视系统，降低欧盟发射航天器碰撞风险、保障其运行安全。此外，欧盟在"欧盟太空计划"、《太空安全与防御战略》中还打算通过加强用于防御和安全的军民两用太空能力，强化欧盟应对可能危及其安全与利益的攻击和威胁的集体能力，增强太空安全。

不少国家在太空项目合作、太空碎片治理上已取得明显成效，地区性组织在太空集体安全问题上亦有发展。然而，在限制太空军事化及太空军备竞赛问题上，出于国家间的不信任、对太空安全原则的认知差异等原因，其共同治理合作仍推进缓慢。事实上，过去 10 年，太空探索领域进步迅速，这为国际太空安全治理提出了新的要求。2023 年 5 月，联合国发表《为了全人类——外层空间治理的未来》报告，指出过去 10 年间国际太空探索领域的三大变化——发射入轨航天器数量剧增、私营企业参与增加、载人深空探测酝酿重启。这些新变化也为国际太空安全带来了新挑战——太空拥挤造成的太空物体碰撞风险上升、太空军事化趋势下增加的太空军备竞赛与太空武装冲突风险以及太空大开发导致的太空资源之争。

当前，旧有的外层空间秩序体系已无法适应即将到来的太空探索新时代。莉萨·贾斯特森提出新兴外层空间秩序与政治理性[①]，指出正在形成的外层空间秩序说明了一个由科学、军事和商业亚秩序定义的超现代世界，表明世界正处于再次扩大的边缘，大国游戏和不断追求物质利益的努力在精神上已经过时。只有在更广泛的意义上理解政治，而不是将政治狭义地理解为国家、责任和政治理性，才有实质性的本体论可能性。古希腊政治哲学认为，政治秩序始于个人层面的平衡，政治理性的核心是强调对话和本体论上的平等，进而意味着多元化的开放。

多元的外太空秩序是现实世界的一个例证和关键因素，它带来了一线希望。世界各国需秉持"太空安全共同体"意识，协力制定新规则，丰富、发展太空国际法体系，共同维护全球太空安全。

---

① Lisa Justesen, "The Emerging Outer Space Order: Professional Orders, Heterarchy, Hyper-modernity and Political Reason", Doctoral Thesis (monograph), Department of Political Science, Lund University, 2021.

第四节　太空规则与多边秩序

1957 年 10 月，人类第一颗人造地球卫星"斯普特尼克 1 号"升空，标志着太空时代的到来。与之相伴的便是一系列竞争与合作，以及对一套恰当太空规则的呼唤与追寻。

国际太空治理规则的竞争，实质上是"具有一定实力的行为体依据自身理念提出相应的治理规则，处理在太空军备发展、太空军事行动、太空商业行动、太空碎片减缓等进程中出现的问题，并构建太空整体行为规范，进而追求有利于其所代表利益集团的太空秩序"①。故而太空规则的形成与演进，同世界整体格局息息相关。早期的太空规则确立于冷战时代，这一时期的太空活动极大程度上是冷战在太空领域的延伸，形成的太空治理框架大体维护了太空两极格局下的稳定与和平。然而 1991 年苏联解体后，世界逐渐朝着多极化方向发展，同年打响的海湾战争全面展示了太空领域在高科技现代化战争中举足轻重的地位，震撼世界。因而进入 21 世纪以来，多国致力于发展太空技术，参与"高边疆"的角逐。旧有太空规则虽仍存续，但已面临各种困境，亟待解决，新秩序的构建虽障碍重重，却也呼之欲出。

一、冷战时期太空规则的形成与演进

形成于冷战时期的太空规则的主体，是在联合国一系列决议基础上形成的国际空间法体系。自人类涉足太空之初，太空便面临军事化的风险。为促进太空领域的和平安全，联合国于 1959 年成立了和平利用外层空间委员会（简称外空委），搭建起有关太空领域的交涉、谈判和条约起草平台。自 1967 年起，外空委陆续出台了五项外空条

---

① 何奇松、黄建余：《太空治理规则：倡议竞争、合作困境及未来出路》，《国际论坛》2022 年第 4 期，第 63 页。

约，构成了冷战时期国际空间法的核心，即 1967 年的《外层空间条约》、1968 年的《营救宇航员、送回宇航员和归还发射到外层空间物体的协定》（简称《营救协定》）、1972 年的《空间物体所造成损害的国际责任公约》（简称《责任公约》）、1975 年的《关于登记射入外层空间物体的公约》（简称《登记公约》）和 1979 年的《关于各国在月球和其他天体上活动的协定》（简称《月球协定》）。

《外层空间条约》作为一份纲领性文件，确立了全人类共同利益、自由探索和利用、不得据为己有、为和平目的使用月球等基本原则，构建起太空治理规则的框架；《营救协定》和《责任公约》主要涉及太空探索和利用中人员、物品可能造成或遭受的损伤，及其应付责任和应对措施；《登记公约》规定了各国将其发射至外空的物体向联合国登记的义务；《月球协定》则规定了月球利用的六项原则，包括非军事化、国际合作互助、科学研究探索自由、环境保护、人类共同财产、协商制度与和平解决争端。而该协定是五项条约中确立最晚、参与国最少的一项，包括美国、俄罗斯及一些西方太空大国都表示反对。

除五项外空条约外，联合国还通过一系列原则和宣言，进一步促进太空红利的公平化和太空利用的可持续。1963 年，联合国大会通过了《关于各国探索和利用外层空间活动的法律原则宣言》。1996 年通过了《太空国际合作宣言》以及《维也纳宣言》，旨在维护太空的和平、可持续利用，促进更多国家参与太空合作、共享太空红利。1982 年通过的《卫星电视广播原则》、1986 年通过的《空间遥感地球原则》及 1992 年通过的《空间使用核动力原则》，对一系列高速发展的太空技术做出限制和规范。

至 20 世纪末，在美苏两极争锋的总体格局下，联合国基本形成了由五项外空条约、三项宣言以及三个原则组成的太空规则。这一规则体系背后不仅有美苏两国的争锋，更有两大社会制度阵营间的对峙。1959 年成立的外空委即是由苏联提议成立，新增了四个社会主义国家后，外空委内部形成了社会主义集团、资本主义集团和中立集团三个旗鼓相当、泾渭分明的阵营，取代了此前的太空特别委员会。太空规则本身也在一定程度上是冷战竞争与妥协的产物。由于苏联发射卫星抢占先机，美国即刻提出建议防范太空军事化的潜在风险。当美国太空实力逐步赶超苏联，开始对条约中非军事限制进行模糊化处理时，苏联对此也没有多加干涉，为自身发展留有余地。

自 1991 年苏联解体后，两极格局随之崩解，世界进入一超多强的局面，诞生于冷战时期的太空规则将难以适应当今太空多极化发展的趋势，新规则和秩序的确立势在必行。

二、新世纪太空国际竞争与多边秩序构建

沃尔特·麦克杜格尔曾总结道："太空时代诞生于美苏争夺纳粹 V-2 火箭和设计师的争斗中，在 20 世纪 50 年代双方洲际弹道导弹的竞赛中加速，于'斯普特尼克 1 号'起飞，在月球竞赛里达到高潮，随（冷战）缓和而衰落，并在苏联死亡时死亡。"[①] 这一概括精炼巧妙，却不尽准确——冷战结束后，两极格局随之解体，但人类走向太空的脚步从未停止。1991 年 1 月 17 日，以美国为首的多国联军轰炸巴格达，海湾战争爆发。美国在战争中动用了"锁眼"系列照相侦察、电子侦察、气象、通信、导弹预警等各种类卫星共计 70 余颗，搭建起全面信息侦察传输天网系统，提供高效的辅助支撑，助力联军在 42 天里以极低的代价取胜。这场战争被时任美国空军总参谋长梅林·麦克皮克称为"最初的太空战争"，全面展示了太空领域在未来信息化高科技战场中令人生畏的可能性，也惊醒了世界，使得更多国家将视线投向太空。

21 世纪以来，随着各国太空技术的高速发展，世界进入了如美国国防部所提出的"3C"时代，即轨道交通拥堵（Congested）、权力争夺加剧（Contested）、实力竞争激烈（Competitive）。截至 2022 年 4 月

---

① Walter A. McDougall, "The Heavens and the Earth: A Political History of the Space Age", The Johns Hopkins University Press, 1997, pp. 16.

30 日，全世界卫星总量已达 5465 颗，其中美国有 3433 颗，俄罗斯有 172 颗，其他总计 1860 颗。[①] 太空场域风起云涌，角逐激烈，其中的参与者不再仅局限于国家，还涌现出许多商业公司、民间组织。竞争所涉及的方面除了太空军备、太空科学探索等传统领域，还出现了向商业、民用领域拓展的倾向。

参与者的增多和涉及领域的拓展，意味着更加多样化的利益诉求将如浪潮般涌现，旧有体系无疑已受到冲击，各种潜在问题逐渐浮出水面。其一，太空军事化问题。各国面向太空的征程无不带有军事目的考量，这一趋势难以避免，且由于太空的独特性质，太空军事远比地面军事灵活，也更难以管控，例如高速运行的太空垃圾单凭撞击就可造成巨大破坏，一众卫星、空间站的军民用途也可灵活转换。对此，现行太空规则只申明了和平利用的原则，并禁止核武器或其他毁灭性武器进入太空，对一般军用物体没有详尽说明，故而进一步讨论和完善势在必行。其二，太空力量的平衡问题。尽管《外层空间条约》规定了外空自由探索和利用的原则，但真正有物质技术支撑足以实现太空利用的行为体只在少数，目前世界的太空力量天平仍然是倾斜的。太空大国独据高精尖太空技术和探索成果，而现行规则中也缺乏有效共享机制和措施，以致多数国家在难以看到切实利益、占据一席之地的情况下，对参与太空长效性规则的制定不甚关心。长此以往，太空规则将进一步向大国倾斜，助长对太空资源的掠夺性强占，形成恶性循环。若不平衡状态无法打破，那么全人类共同利益就无从谈起。其三，新兴非国家主体的界定问题。近年来，非国家主体如公司、非政府组织等在太空活动中逐渐崭露头角，如著名的美国太空探索技术公司、蓝色起源公司、相对论太空公司等，涉及卫星通信、太空发射、地理空间数据分析、亚轨道太空飞行、太空机器人、轨道碎片清除等多领域。其中美国太空探索技术公司总资金近 70 亿美元，占有超过 4 万份频率资源。在国家主动出台优惠政策、提供资金技术

---

① 数据来源于 UCS 卫星数据库，https：//www.ucsusa.org/resources/satellite – database。

支持下，此类主体在太空活动中的占比将会越来越大。然而在一些旧有规则中，对此类主体的界定尚不明晰，如在《营救协定》和《责任公约》中涉及的营救义务和赔偿责任上，一般认为非国家主体不能与国家等同，那么涉及非国家主体的责任义务规定，可能还需根据主体的性质及经济技术能力加以评级细分。其四，太空污染问题。自人类开启太空时代以来，已发射了上万颗航天器，产生了大量太空垃圾，在地球轨道上仅被编号追踪的就超过 50 万个。如此数量庞大的航天器和太空碎片使得地球周围早已不复曾经的空旷。2009 年美俄两颗人造卫星相撞，产生超过 1000 片直径大于 10 厘米的碎片，虽然部分已坠入大气层销毁，但至今仍有留存，诸如此类的高危事件还会随太空拥挤程度提高而增多。太空的清洁治理是可持续利用的关键，落实回收清理太空垃圾的责任制度、限制反卫星武器实验、规范航天器发射和运行等规则亟待完善。其五，现行的太空规则以条约、倡议、协定等"软法"为主，自主性强，约束力弱。而"硬法"如《防止在外空放置武器、对外空物体使用或威胁使用武力条约》（PPWT）等在国际上更难获得认同，这也是太空规则制定至今仍面临的困境。

自五项外空条约出台以来，联合国从未对其进行修改。然而各国太空活动的利益和需求日益增长，原有的太空规则难免"力不从心"，新一轮的国际太空治理规则讨论拉开帷幕。现今的太空规则制定中，形成了国家行为体、非国家行为体和裁谈会（裁军谈判委员会）、外空委及联合国框架"三驾马车"并驾齐驱的局面[1]，新的倡议不断涌现。

2002 年，中国与俄罗斯联合向裁谈会提交了《关于未来防止在外空部署武器、对外空物体使用或威胁使用武力国际法律文书要点》，其中要点条约名称为《防止在外空部署武器、对外空物体使用或威胁使用武力条约》（PPWT）。该条约基于《外层空间条约》中所规定的

---

① 何奇松、黄建余：《太空治理规则：倡议竞争、合作困境及未来出路》，《国际论坛》2022 年第 4 期，第 69 页。

"各缔约国承担不在环地球轨道放置带有核武器或其他类型大规模杀伤性武器的物体，不以任何其他方式在天体上和外空放置此类武器的义务"，以及不能充分防止在外空放置武器的疏漏，进一步寻求有效、可核查的多边或双边协议，从而防止外空军备竞赛。该条约在 2005 年至 2008 年多次被提请讨论，2014 年中俄两国又一次提交修正草案，然而由于美国的反对，该草案的谈判一直处于僵局之中。

2008 年，欧盟提交了太空行为准则倡议（CoC），该倡议意在贯彻现有的国际条约、原则等，并结合实际对太空治理规则加以补充完善。这一倡议的灵感来源于 2006 年国际宇航协会提出的"太空交通管理"和 2007 年亨利·史汀生提出的《负责任太空国家示范行为准则》，提出后即受到了美国、日本等国支持，欧盟也为倡议的推行和完善不断尝试与中国、俄罗斯、印度等多国进行双边谈判。然而对于欧盟提案，美国也存在反对一派认为该倡议将限制美国对太空的利用，降低美国自卫和保护盟友的能力。在"美国国家安全例外论"的论调下，时任美国国务卿希拉里·克林顿提出与国际社会共同构建国际太空行为准则，减少太空碎片，保证太空安全和可持续利用，并且不能限制美国保障自身和盟国安全的能力。

2014 年，俄罗斯向联合国大会提出"不首先部署太空武器"倡议（NFP），该倡议每年都获得通过，只有美国等少数国家反对。但该倡议从性质上而言仍是一种政治承诺，不具法律约束效力。

除中国、俄罗斯、美国、欧盟等提出的倡议外，联合国也提出了由自身主导的太空治理规则倡议。2010 年，联合国外空委成立了科学与技术小组委员会，开始就"太空活动长期可持续性"倡议（LTSSA）进行漫长而艰难的谈判磋商，截至 2021 年，其中 21 条已达成国际共识并获得通过。这一倡议最早源于外空委主席卡尔·多尔奇的一次有关太空持续利用的演讲，其目的为：以实现公平享有、为和平目的探索和利用外层空间的方式，保证无限期开展外层空间活动的能力。

相比"太空活动长期可持续性"倡议，"太空透明与信任建设机制"（TCBMs）有着更漫长的发展历程。该机制作为有效的军控手段，于冷战末期逐渐应用于太空领域。1991年联合国成立政府专家组，形成了首个关于"太空透明与信任建设机制"的报告，此后由中国、俄罗斯、加拿大等国提议，2010年联合国通过65/68号决议，2012年组建政府专家组就此展开磋商，内容包含太空利用的基本规则、增加太空活动透明度的信息共享机制和行动措施等，旨在提升太空透明度、约束太空军备。

基于保障太空安全提出的倡议还有《空间碎片环节指南》和近地小行星防御倡议。1993年，美国、欧盟、日本、俄罗斯的航天管理机构联合组建了机构间空间碎片协调委员会（IADC）。该委员会于2002年发布了《空间碎片减缓指南》，在2007年获得外空委和联合国大会通过。联合国大会鼓励各国依据自身条件，自愿切实执行指南中的做法。该指南主要涉及空间碎片的量化标准、监管和移除，寻求有效的规则体系方法以遏制空间碎片增长。近地小行星防御倡议则是为了监管近地小行星，防止撞击和制定预案。根据联合国68/75号决议，国际小行星预警网（IAWN）和空间任务规划建议组（SMPAG）于2014年正式成立，正加紧推动相关工作。

此外，一些新兴领域的规则也受到国际关注，如太空交通管理、太空资源利用与开发等，但主要是个别国家或区域形成的协定，尚未出现具有世界性共识的规则。

总体而言，新时代太空治理规则的讨论与制定越来越朝着多边化方向发展，这与当今世界多极化格局、太空增量竞争、"中间国家"参与、"人类共同体"理念发展等多重因素密不可分。① 虽然当今太空规则的主导者仍旧是少数太空大国，但经过长期不断的努力，太空多边秩序的构建并非遥不可及。

---

① 何奇松、黄建余：《太空治理规则：倡议竞争、合作困境及未来出路》，《国际论坛》2022年第4期，第80页。"中间国家"即除美国和广大非太空国家外，处于上下两个端点中间的10余个具备一定太空技术、资本的行为体。

第二章

太空问题的出现

国际社会中"技术—权力—观念"的辩证互动蕴涵着太空安全向冲突抑或合作发展的内在逻辑。基于国际体系内复杂的矛盾运动,太空问题缘起。

第一节　战争与太空

一、战争与人类社会进程

4 亿年前，暴力作为一种赢得争端的有效手段出现。当涉及领地和资源等利益争夺问题时，暴力很可能演变为致命的手段，战争也就随之到来。德国军事理论家、历史学家卡尔·克劳塞维茨在其著作《战争论》中谈道，"战争是政治的延续，以武力为手段，迫使一方服从另一方的意志"①。

战争随人类社会而生，也随人类社会的演变而演变，在不同阶段呈现出不同的特征。在 15 世纪以前，人类的战争手段基本上是使用冷兵器，主要经历了石器时代、青铜时代和铁器时代。这一时期，各部落或各民族相互争斗、相互学习、相互模仿，双方或多方的此起彼伏成为一种常态。火药的出现和运用，意味着人类战争进入热兵器时代。火枪火炮的出现首次展现了军事武装的绝对压制力量，随着工业革命进程出现的来复枪、自动机枪、迫击炮等武器，则日益成为影响战争成败的关键，而随后核武器的发展体现了战争火力和杀伤力的极致化。到了 20 世纪，在人类社会由工业化向信息化转型的过程中，战争也进入了信息化时代。侦察与反侦察，信息的收集、处理和利用，成为决定战争胜负的主要因素。时至今日，战场、战争手段和战争形态都发生了巨大变化，从陆地、海洋、天空到太空，从近距离作战到远距离作战，从实体战争到虚拟战争，战争手段呈现多样化，战争领域不断向外延伸，战争形态则日趋复杂。

战争往往会伴随着可怕的暴力，造成人类大量生命财产的损失，引起广泛和持久的心灵创伤和道德伤害，以及为下一场战争酝酿敌意和复仇心等。尽管战争带来的金钱、生命的损失相当庞大，但不可否

---

① 〔德〕克劳塞维茨著，张蕾芳译：《战争论》，译林出版社 2010 年版，第 3—4 页。

认，在历史长河的大部分时间里，战争多多少少是具有建设性的。在人类历史进程中，战争并非让人类停步不前，而是推动着人类文明的进步，改变了博弈中的收益，改造了人类社会。15 世纪，欧洲人带着坚船利炮打开了沿海各国家的门户，以武力威胁或军事占领抢夺财富，欧洲人将海洋变成了国家发展的高速公路。15 世纪至 19 世纪的欧洲崛起带来了 500 年的战争，但在欧洲征服世界的过程中，不仅财富、资源得以大范围流通，先进的思想、技术也促进了人类文明的发展。二战结束后，世界格局发生转变，苏联和美国形成两极对立。"20 世纪目睹了有史以来最血腥的战争，也经历了史上最伟大的和平"[1]，投放在日本广岛和长崎的两枚原子弹，造成巨大的人员伤亡，却在终结二战中起到了重大作用，同时影响了二战后国家关系的发展方向。国家间，尤其是大国间使用武力的频率和规模逐渐下降，战争向小型化、碎片化和内战化的方向发展，战争与冲突所造成的人员死亡数量也在逐年下降。纵观人类历史，战争往往会促进大的政治社会的建构，而大的政治社会能够更有效地维护人们的生命财产安全。

21 世纪全球化和信息化的推进与深化，国家间的利益联系相互交织，从而使国家间发生传统意义上"热战"的可能性大大降低。随着现代高科技的发展，军事对抗的重心和焦点正在向信息领域转移，外层空间军事化和空间攻防对抗已不可避免。人类发展史反复证明，谁控制了新领域、新空间，谁就能取得战场优势，赢得战略主动。在信息时代，太空的重要性日渐突出，制天权成为夺取信息优势、赢得信息化战争的关键。尽管目前太空看似风平浪静，但太空武器化已使太空安全风险倍增。在这一背景下，太空强国都在不遗余力地发展太空力量，展开对太空主导权的争夺，其结果将对未来世界格局产生深远影响。

关于"太空战争"的概念，仍没有一个明确的定义。作为一个尚

---

① ［美］伊恩·莫里斯著，栾力夫译：《战争：从类人猿到机器人，文明的冲突和演变》，中信出版社 2015 年版，第 194 页。

未成熟的概念，太空战争是陆地、海洋、空中战场向宇宙空间的延伸，也是个别军事强国企图谋取持久全球霸权的战略意图的行动体现。而一旦发生真正的太空战争，必然导致国际秩序的重建。虽说战争在一定意义上具有建设性，但战争毕竟是人类社会的一场灾难，国际秩序的重建必须经历强烈的持久的阵痛才能获得重生。因而，战争与太空的互动和未来走向有必要引领人类之思。

二、太空作战方式

　　人类社会发展阔步向前，新技术往往会开发出新的战争领域。伴随航天技术的发展，太空领域正孕育着新的战略威慑力量。太空强国认为，太空为国家安全提供重要支撑，已经成为大国战略竞争与博弈的关键领域，国家战略优势依赖于太空优势。2017 年，美国发布的《国家安全战略》明确提出："当前最严峻的安全挑战已由恐怖主义转为大国竞争，这种竞争是全域性、全面性和全球性的。太空是此轮竞争的关键领域。"① 因此，拥有先进太空技术的国家开始将太空列为国家发展战略的重要领域，人类对太空的探索也从认识太空、进入太空转向以控制太空为目的的新阶段。

　　太空作战是利用出入太空或本身就在太空运作的武器和载人或无人飞行器，对太空或地球表面上的军事行动施加影响。太空作战以太空为主要战场，以航天兵器为主导武器，以夺取、保持和利用太空为作战任务，主要包括太空信息支援、太空进攻和太空防御等行动方式。

（一）信息支援

　　太空信息支援主要通过天基侦察、预警、指挥、通信、导航系统，以提供信息支援和保障，从而增强地球上陆、海、空部队的作战能力。长期以来，信息支援是太空作战的主要方式。太空中的各种侦

---

　　① "National Security Strategy", The Website of the White House, Dec. 18, 2017, https://www. whitehouse. gov/articles/new – national – security – strategy – new – era/.

察、预警、导航和通信等卫星，在夺取战场信息优势、提高武器装备作战效能等方面发挥着举足轻重的作用，不仅可以大大提升部队的机动能力，而且可大幅提高武器的命中精确度，确保对敌实施"外科手术式"的精准打击。1991 年的海湾战争是人类战争史上第一次大规模的太空支援地面作战，美军通过"锁眼"（KeyHole）系列照相侦察卫星，最早发现伊拉克军队向科威特推进的行动，并搜集掌握了大量伊军电子情报；利用气象卫星确认攻击目标所在地的气象条件，提高了命中精度；凭借战区上空的导弹预警卫星，87 次探测到伊拉克"飞毛腿"战术导弹的发射，并预报落点，为前线部队争取了预警时间；依靠通信卫星，建成完整的陆海空一体化通信网，保障了战区通信可靠；凭借 GPS 系统，对伊拉克军队飞机、地面部队乃至雷区进行定位。可以说，太空的信息支援是美军高效实施联合作战行动的重要前提。

时任美国空军总参谋长梅林·麦克皮克称海湾战争是"最初的太空战争"[1]。尽管这仅仅是走向正式太空战争的第一步，但这意味着军事卫星的"武器角色"日益鲜明，太空日益成为全球军事对抗的新增长点。

（二）进攻

除了发挥太空对海陆空作战行动的信息支援作用外，具有太空优势的国家还发展出了一系列从太空对地球表面各种军事目标进行直接打击的武器系统，形成了一种超越传统自然空间的太空威慑力量。比如太空即时打击力量，包括亚轨道滑翔飞行器、吸入式高超声速飞行器、空天飞机等打击武器，能在短时间内打击地球上的任何目标，具备摧毁和破坏各种军事目标及其基础设施的能力。

太空武器是太空作战赖以实施的基础和关键。随着太空参与主体的增多，太空进攻不仅包括太空对地面的直接打击，也包括运用各种

---

① Benjamin S. Lambeth, "The Transformation of American Air Power", London: Cornell U-niversity Press, 2000, p. 237.

太空武器装备对在太空飞行的航天器进行中断、拒止、削弱、摧毁等系列活动，从而使对方无法利用太空信息资源或提供有效信息服务。目前，由于空间信息系统所具有的强大军民两用价值，卫星自然而然成为敌对双方打击的重点目标。根据武器的不同，打击卫星主要有"干扰型"和"摧毁型"两种方式。"干扰型"又称"软杀伤"手段，指在掌握敌方天基系统运行参数的基础上，发射相同参数的指令，使卫星不能接收正常指令或正常工作。"摧毁型"也称"硬打击"手段，即使用导弹、定向能武器、动能武器、太空雷等直接攻击卫星，或摧毁卫星能源系统、烧毁核心部件。其中，使用"摧毁型"方式实施打击，容易产生残骸碎片，代价与附带的毁伤较大，其影响不仅会波及类似轨道上运行的本国及同盟国的军事和非军事卫星，还可能对地面的生命财产安全构成威胁，这也是当今许多国家关注太空武器化问题的主要原因。

（三）防御

随着太空军事技术的迅速发展，太空日益成为大国军事博弈的制高点，太空军事化已形成不可阻挡的发展趋势。太空军事化主要表现为两对"矛"与"盾"的较量，即导弹和反导弹系统的矛盾较量以及卫星与反卫星武器的矛盾较量。从 20 世纪 50 年代开始，这两对矛盾不断激化且相互交错，构成了未来发生太空战争的主要基础。为了更好地应对太空军事化、应对未来太空战争的可能性，许多国家都积极发展作为"盾"的反导弹系统、反卫星武器，以期维持太空优势的同时维护国家安全。

随着弹道导弹、巡航导弹、空地导弹等进攻性导弹武器的问世，美苏两国都迅速进行了反导防御系统的建设。1983 年 3 月，由于美苏关系恶化，美国总统里根提出"战略防御倡议"，即"星球大战"计划，要求利用在太空和地面相结合的立体防御网，实现对来袭敌方导弹的多层拦截。1993 年，在"星球大战"计划终止后，美国总统克林顿转而提出"战区导弹防御系统"，旨在保护美国本土、美国海外驻军及相关盟国免遭导弹攻击。近年来，美国的导弹拦截系统和相关技术不断进步，体现了追求国家绝对安全的战略防御原则。

与导弹和反导弹系统的矛盾较量不同，为探索宇宙空间而诞生的人造卫星，在较长时期内并没有立即刺激反卫星武器的登场。在卫星与反卫星的矛盾较量中，苏联主要发展卫星作为反卫星武器，美国则主要发展导弹作为反卫星武器。苏联在1969年进行了最初的破坏卫星试验，采用"共轨方式"（Co - orbital）进行反卫星作战，即"杀手卫星"在与"目标卫星"共同的轨道上将后者撞毁。美国早在20世纪50年代末就进行过利用核导弹击毁卫星的试验，但这一方式在当时还不具有实战意义。2008年2月，美军"标准-3"导弹击毁一颗失控间谍卫星，这次任务的成功最终证明了反弹道导弹经过改造后也可用作反卫星武器。当今世界，具备一定太空能力的其他国家也加入到了反卫星武器的研发中。

有矛必有盾，随着太空对抗技术的发展，太空安全港的时代已一去不复返。发展反导系统和反卫星武器，本质上来说都是为了增强国家太空威慑力量，在提高抗打击能力的同时，削弱对方率先发动太空攻击的意愿。

三、太空的未来：战争还是合作

圣域学派的学者曾主张人类应该让太空成为没有战争的"圣域"。然而，随着军事卫星对海陆空军事活动的信息支援作用，以及太空武器系统和反太空武器系统的发展运用，各国间围绕太空的博弈日趋活跃和激烈，在太空发生战斗的可能性日益增大，地上战争的战火极有可能蔓延到太空。

太空资源本身属于有限资源，而且，目前大部分可用、好用的卫星频率和轨道资源已被率先占用，世界各国轨道和频谱资源争夺已趋于白热化。此外，作为太空强国的美国，正大力推进太空军事化建设。一方面，美国将太空定义为独立的作战域，并建立了独立的太空军；另一方面，美国加强太空演习演练，逐步丰富和完善太空威慑战略、太空作战条令、太空发展策略等领域的能力。美国总统特朗普在签署《2020 年国防授权法案》时表示，太空是世界上最新的战斗领域，太空军将帮助美国阻吓进犯并掌控绝对制高点。显而易见，美国正在追求外太空的绝对优势，其一系列行动会给其他国家带来新的紧迫感。俄罗斯出台了《2030 年前及未来俄罗斯航天活动发展战略》等一系列战略规划与法案，力求确保俄罗斯航天技术处于世界先进水平；英国在 2014 年发布了《国家太空安全政策》；日本早在 2008 年就修改了《宇宙基本法》，解除了航天不能用于军事目的的禁令，另外还每两年发布新的《宇宙基本计划》；印度作为新兴航天大国，已初步建立由 7 颗地球同步轨道卫星组成的印度导航系统，且正在推进载人航天、反导体系等建设。世界主要国家围绕进出、利用和控制太空纷纷制定太空战略，不断完善太空力量体系，其目的非常明确，即获取太空利益、发展自主太空能力和争夺太空主导权。各国太空战略的制定、太空武器的发展，以及军备竞赛思想的影响，都极有可能将人类作战的战场扩展到大气层外的宇宙空间，从而对战争的形态产生深远的、革命性的影响。

冲突和摩擦也许不可避免，但自身利益或是彼此的相互理解，都可能使各太空行为主体趋向合作。由于太空所具有的天然的高脆弱性，太空优势与太空依赖相互制约，各国对太空资产不断加大投资的同时，所面临的风险也将日益增加。比如，美国的人造卫星数量占全世界人造卫星总数的一半以上，在军事和民生方面都高度依赖卫星，通信、侦察卫星以及全球定位卫星成为美军不可缺少的军事手段，卫星通信网络则深入到银行自动取款机、证券市场和电子交易等人们生活的各个角落。如果美国的太空卫星体系遭到干扰或破坏，美国的军事系统乃至经济社会将陷于瘫痪，这意味着对卫星依赖最大的国家同时也是面对卫星破坏最脆弱的国家。而对于其他国家而言，以反卫星武器击毁敌方卫星本身是一个充满矛盾的行为，因为在摧毁敌方卫星的同时，必然导致大量太空垃圾的产生，难以避免附带杀伤和自我误伤。除此之外，贸然在太空采取敌对行动还可导致地面冲突升级。从这一角度看，几乎任何国家都不可能成为太空战的胜利者。因此，现阶段在太空使用暴力的成本仍然十分高昂，各国势必对太空敌对行动保持谨慎态度。

太空竞争伴随着人类太空发展史。竞争既可实现扬长补短，促进共同进步，又可催生霸权主义，造成零和博弈。太空的未来，既有战争来临的空间，又有合作达成的基础，太空安全环境仍面临着极大不确定性和不稳定性。国际社会需要有更多样化的法律形式规范太空军事活动，各国需要处理好维护国家总体安全利益与书写太空探索新篇章之间的平衡，从而真正使整体大于各部分之和，谋求太空的持久安宁和人类的长远和平。

诺曼·安吉尔在其1910年出版的《大幻想》一书中总结道，"战争会自我终结，靠武力去取得进步的时代已经结束了，从今以后，将是靠思想进步的时代"。① 100多年后的今天，这个预言能否成真还未可知，但我们这个星球确实比以往任何时候都更和平、更繁荣，而人类能做的就是以更加平稳、成熟的姿态面对当下的挑战，推动人类文明继续向前发展。

第二节　登月计划与太空

1969年7月16日，一艘满载全人类希望的飞船驶离地球，奔赴月球，这就是美国"阿波罗11号"飞船。美国东部时间7月20日22时56分，宇航员尼尔·阿姆斯特朗在数亿人的注视下钻出登月舱，踏上月球，迈出了人类登上月球的第一步。自此，存在于人类长久幻想中的月球变得鲜活而立体。

---

① ［美］伊恩·莫里斯著，栾力夫译：《战争：从类人猿到机器人，文明的冲突和演变》，中信出版社2015年版，第193页。

一、阿姆斯特朗的传奇人生

1930 年 8 月 5 日，阿姆斯特朗出生在美国俄亥俄州沃帕科内塔。6 岁时，他首次乘坐飞机，这激发了他对飞行的热爱。学生时代，阿姆斯特朗表现优异，获得童子军鹰级勋章，并学习制作飞机模型和自制风洞设备。14 岁时，阿姆斯特朗开始飞行训练，16 岁获得飞行员证书，成为美国海军最年轻的飞行员。1947 年高中毕业后，阿姆斯特朗进入普渡大学学习航空工程，并于 1949 年入伍成为海军飞行员。经过三年服役后，他回到普渡大学继续学习，于 1955 年毕业，随后在南加州大学获得航空工程专业硕士学位。

毕业后，阿姆斯特朗随即加入美国太空总署，成为一名非军职的高速试飞员。在 7 年的试飞员生涯中，他曾参与测试 200 多种机型，包括滑翔机和喷气式飞机，完成了超过 900 架次的飞行任务。作为一名试飞员，阿姆斯特朗执行过 X - 15 尖端研究飞机的飞行测试项目。这种飞机能以超声速飞行并达到很高的高度，驾驶这种飞机飞过 80 千米的高度，一度被认为是未来宇航员所必备的经历。

1961 年，时任美国总统的肯尼迪提出震惊世界的"阿波罗"计划。为实现此计划，美国于 1961 年 5 月至 1972 年 12 月第 6 次登月成功，历时约 11 年，耗资 255 亿美元。该计划的总投资约占当年美国 GDP 的 0.57%，约占当年美国全部科技研究开发经费的 20%[1]。

1962 年上半年，美国航空航天局开始选择第二批宇航员，但阿姆斯特朗的申请表被送入载人航空中心时，已迟了一星期。幸运的是，在迪克·戴帮助下，阿姆斯特朗重获机会。1962 年 9 月 13 日，阿姆斯特朗接到美国航空航天局飞行任务成员办公室电话，正式成为新的 9 名宇航员之一。

---

① 田闯：《登云步月回望人类登月 50 年》，《百科知识》2019 年第 20 期，第 2—9 页。

二、登月计划由来

（一）"阿波罗"计划历史背景

"阿波罗"计划于 20 世纪 60 年代早期在艾森豪威尔执政时被提出，作为"水星"计划①的后续计划。预想中的"阿波罗"航天器不仅能搭载 3 名宇航员，也许还可以登月。后来，时任美国航空航天局局长阿伯·西尔弗斯坦选择以希腊神话中的太阳神的名字命名此计划，并在美国航空航天局内正式推行。虽然美国航空航天局已经开始进行计划，但艾森豪威尔并未显示出过多热情，以至于"阿波罗"计划的经费始终难以落实。

1961 年 4 月 12 日，苏联宇航员尤里·加加林成为了首个进入太空的人，使得苏联在太空领域的地位进一步拔高，也加深了美国对在"太空竞赛"中落后的恐惧。4 月 20 日肯尼迪给时任副总统林登·约翰逊发去备忘录，询问他对于美国太空计划的意见，并询问美国追赶苏联的可能性。在翌日的回复中，约翰逊认为"我们既没有尽最大努力，也没有达到让美国保持领先的程度"。约翰逊还提到未来登月的计划具有可行性，且绝对可使美国在"太空竞赛"中获得领先。

终于，在 1961 年 5 月 25 日，肯尼迪于参议两院特别会议中正式宣布支持"阿波罗"计划："我相信这个民族能够齐聚一心全力以赴达成这个目标，即在 1970 年以前，人类将乘坐宇宙飞船登陆月球并且安全返回。没有任何一个太空项目能够超越它对人类的影响，超越它对宇宙远程空间探索的重大作用，也没有一个太空项目开发如此困难而且花费如此昂贵。"②

---

① "水星"计划是美国第一个载人航天计划，自 1958 年 10 月 7 日开始正式实施，原本由美国空军主导，后转由当时新成立的美国航空航天局负责。该计划的目标是向太空发射搭载宇航员的航天器并安全返回——而且最好先于苏联完成这一目标。在水星计划实施期间招募了美国第一批宇航员（7 名），包括前期实验在内共进行了 20 次无人飞行，6 次载人飞行。"水星"计划原定发射 9 艘载人飞船，后因"双子星"计划和"阿波罗"计划的顺利实施，计划中的最后 3 次任务被取消。

② 钱茹：《"阿波罗"计划》，《飞碟探索》2009 年第 7 期，第 1 页。

（二）登月详细方案

在登月成为主要目标后，"阿波罗"计划的决策者们开始考虑如何在安全性能达标、经济效益适宜、快速便捷的情况下，把宇航员准确无误地送上月球。对此有三个讨论方案。①

（1）直接起飞。此计划提出，由一个巨大的新型火箭携带一艘航天器，直接飞往月球；火箭在月球降落，任务完成后再次起飞，飞回地球。

（2）地球轨道集合。此计划需要两艘只有"土星5号"一半大小的小型火箭将登月航天器的不同部分送入地球轨道，集合并对接。整个航天器降落在月球表面。由于当时在轨道中集合多艘航天器的经验较少，且地球轨道拼装航天器是否可行仍未可知，所以此计划未被采纳。

（3）月球轨道集合。这个方案由约翰·霍博尔特的团队提出。由一个较大的航天器，称为指令/服务舱，携带载人的登月航天器，称为登月舱。指令/服务舱携带从地球到月球并返回的燃料和生活必需品，以及进入地球大气层所需要的隔热板。进入月球轨道之后，登月舱与指令/服务舱分离，并降落在月球表面；指令/服务舱留在月球轨道。3名宇航员中的1名留在指令/服务舱中，进行绕月飞行。登月完成之后，登月舱重新起飞，与指令/服务舱在月球轨道集合，并返回地球。

其中，月球轨道集合方案只需一艘很小的航天器降落在月球表面，使返回时在月球上起飞航天器的质量大大减小。登月舱分为降落部分和起飞部分，前者用于在登月时降落，后者在任务完成后起飞与指令/服务舱会合并返回地球。通过将登月舱的降落部分留在月球上，在月球起飞的航天器质量得以再次减小。该计划后被采纳。

此外，还有为登月飞行进行准备的四项辅助计划。一是"徘徊者

---

① 宗合：《划时代的"阿波罗计划"》，《太空探索》2018年第2期，第32—35页。

号"探测器计划（1961年至1965年）。共发射9个探测器，在不同的月球轨道上拍摄月球表面照片1.8万张，以了解飞船在月面着陆的可能性。但探测器曾多次发射失败。二是"勘测者号"探测器计划（1965年至1968年）。共发射7个探测器，其中5个在月球表面成功软着陆，发回8.6万张月面照片，对月球土壤进行分析，测出了精确的地月距离。三是月球轨道环行器计划（1966年至1967年）。共发射5个绕月飞行的探测器，其中1号、2号、3号在围绕月球"赤道"的低轨道上飞行，对40多个预选着陆区拍摄高分辨率照片，获得1000多张小比例尺高清晰度的月面照片，据此选出约10个预计的登月点。4号、5号探测器在绕月球极轨道上飞行，拍摄更大面积的月球表面照片，并监视近月空间的微流星体和电离辐射。四是双子星座飞船计划（1965年至1966年）。先后发射10艘各载2名宇航员的飞船，进行医学、生物学研究和操纵飞船机动飞行、对接和进行舱外活动的训练。

三、登月技术基础

在登月方案落实后，美国开始在飞行的具体技术上进行研究，最终确定以"土星5号"运载火箭和"阿波罗"系列飞船为登月的具体实施设备。

（一）"土星5号"

"阿波罗"飞船之所以能够稳步飞向太空，是因为它有着一个推力强大的运载火箭——"土星5号"火箭（Saturn V）。"土星5号"的设计起源于V-2火箭和"木星"系列火箭。由于"木星"系列火箭的成功，新一代的"土星"系列火箭开始出现。首先是"土星1号"和"土星1B号"，最终是"土星5号"。用于"阿波罗"计划的"土星5号"火箭全高110.6米，直径10.1米，发射质量3039吨。3039吨的发射质量等同于美国二战时期的两艘巴格里级驱逐舰的排水量；而110.6米的高度比自由女神像与其基座加起来的高度还要高出不少。"土星5号"火箭是一枚三级火箭，分为S-IC第一级火箭、

S－II第二级火箭和S－IVB第三级火箭①。该运载火箭是当时建造的威力最大的火箭。上升过程中，它的 5 个巨大引擎每秒钟要燃烧掉超过 1000 多加仑燃料，其产生的空气震动巨大②。如此庞大的运载火箭为"阿波罗"飞船飞入太空提供了充足的推力。

（二）"阿波罗"飞船

"阿波罗"飞船由指令舱、服务舱和登月舱 3 个部分组成。指令舱是宇航员在飞行中生活和工作的座舱，也是全飞船的控制中心。指令舱为圆锥形，高 3.2 米，重约 6 吨，分前舱、宇航员舱和后舱。前舱内放置着陆部件、回收设备和姿态控制发动机等。宇航员舱为密封舱，存有供宇航员生活 14 天的必需品和救生设备。后舱内装有 10 台姿态控制发动机，各种仪器和贮箱，还有姿态控制、制导导航系统以及船载计算机和无线电分系统等。服务舱前端与指令舱对接，后端有推进系统主发动机喷管。舱体为圆筒形，高 6.7 米，直径 4 米，重约 25 吨。主发动机用于轨道转移和变轨机动。姿态控制系统由 16 台火箭发动机组成，它们还用于飞船与第三级火箭分离、登月舱与指令舱对接和指令舱与服务舱分离等。登月舱由下降级和上升级组成，地面起飞时重 14.7 吨，宽 4.3 米，最大高度约 7 米。下降级由着陆发动机、4 条着陆腿和 4 个仪器舱组成。上升级为登月舱主体。宇航员完成月面活动后驾驶上升级返回环月轨道与指令舱会合。上升级由宇航员座舱、返回发动机、推进剂贮箱、仪器舱和控制系统组成。宇航员座舱可容纳 2 名宇航员（但无座椅），有导航、控制、通信、生命保障和电源等设备。

自从登月计划实施以来，"阿波罗"系列飞船不断换代升级。1966 年至 1972 年，共发射 17 艘：1 号至 3 号为模拟飞船，4 号至 6 号为不载人飞船，7 号至 10 号为绕地球或月球轨道飞行的载人飞船，11 号至 17 号为载人登月飞船。"阿波罗 11 号"载人飞船率先登上月

---

① 邢强：《土星 5 号：最高最重的火箭》，《太空探索》2017 年第 2 期，第 52—55 页。
② 谢懿：《"阿波罗"：坠向地球的梦想——写在"阿波罗"飞船载人登月 40 周年之际》，《世界科学》2009 年第 8 期，第 2—4 页。

球，使载人登月系列飞船走上巅峰。

四、人类登月"一小步，一大步"

"一小步，一大步"是阿姆斯特朗在登上月球后说出的名言，他踏上月球的"一小步"，承载着人类文明、航天技术向前迈出的"一大步"。

美国东部时间 1969 年 7 月 16 日 9 时 32 分，"土星 5 号"重型火箭徐徐升空，载着世界第一艘载人登月飞船"阿波罗 11 号"飞往月球。当"土星 5 号"把"阿波罗 11 号"送入地月转移轨道后，飞船便开始独自继续向月球驶去。

从地球到月球约有 38 万千米，"阿波罗 11 号"载着指令长阿姆斯特朗、指令舱驾驶员迈克尔·科林斯和登月舱驾驶员巴兹·奥尔德林经过 75 小时的长途跋涉，于 7 月 18 日进入月球引力圈。19 日凌晨，"阿波罗 11 号"到达距月球上空 4500 千米高时，服务舱的主发动机逆向喷射，使飞船减速进入了远月点 313 千米、近月点 113 千米的椭圆轨道，此时飞船绕月球一圈只需 2 小时。在月球轨道上，宇航员们紧张地进行登月前的准备工作，其中最主要的一项是阿姆斯特朗和奥尔德林进入名为"鹰"的登月舱，而科林斯则仍留在称作"哥伦比亚"的指令舱中。

美国东部时间 1969 年 7 月 20 日 2 时许，登月舱的发动机被点燃，它与指令舱分离。指令舱由科林斯驾驶继续绕月飞行，而登月舱则载着 2 名宇航员缓慢向月面飞行。2 名飞行员驾驶着登月舱继续飞行，寻找平坦的地方降落。最后，奥尔德林手控登月舱在月面静海的一角平稳降落，登月成功。阿姆斯特朗向休斯敦中心报告："休斯敦，这里是静海基地，'鹰'已降落。"此时休斯敦中心一片沸腾，为人类首次登上月球而欢欣鼓舞、奔走相告。登月舱内的阿姆斯特朗与奥尔德林按捺住激动的心情，等待一切都经精确核对后，帮助彼此穿上极其笨重的登月服准备登月。

美国东部时间 7 月 20 日 22 时 56 分，指令长阿姆斯特朗率先打开

"鹰"舱舱门，带好设备站在 5 米高的平台上，小心翼翼地放下梯子。在扶梯上缓慢地行动了几分钟后，他左脚先迈上月球，在月面上留下了第一个长 32.5 厘米、宽 15 厘米的人类脚印。当他踏上月面的瞬间，他道出了一句意味深长的名言："对一个人来说，这只是一小步；但对全人类来说，这是巨大的一次飞跃。"① 至此，人类终于踏上迷恋了几千年的月球，登月成功。

人类对月球的渴望由来已久，全球各国都为载人登月付出了巨大努力。但事实上，至今载人登月成功的只有美国的"阿波罗"系列飞船。在"阿波罗 11 号"成功登陆月球后，美国还成功进行了 5 次载人登月。

1969 年 11 月，"阿波罗 12 号"载人登月成功，成为人类历史上首次进行的定点月球着陆。飞船落在此前已降落在月球的探测器附近，两名宇航员从探测器上取回了元器件。宇航员还带回了超过 70 磅（约合 32 千克）的月球岩石样本，科学家利用这些月球岩石研究月球的历史和构成。1971 年 2 月，"阿波罗 14 号"携带用于采样的"月球人力车"登月成功，进行了两次太空行走，时间为 9 小时 24 分钟，采集了 42 千克的物质，这是首次使用手推车来运输岩石。1971 年 7 月，"阿波罗 15 号"登月成功，宇航员驾驶的历史上第一辆月球车，在月球上穿越的距离比前几次任务遥远了很多。一共收集了约 77 千克的月球岩石标本，使用科学仪器模块中的全景相机、伽马射线光分计、绘图相机、激光高度计、质谱仪等设备对月球表面环境进行了详细的研究。1972 年 4 月，"阿波罗 16 号"降落在太平洋上。此行从月球上带回 200 多磅（超过 90.7 千克）的岩石。宇航员约翰·杨和查尔斯·杜克在月球上度过了 71 小时，创造了世界纪录。1972 年 12 月，"阿波罗 17 号"登月舱降落在金牛座利特洛峡谷，2 名宇航员在那里工作了 3 天，并采集了 243 磅（约合 110 千克）的岩石。这是

---

① 庞之浩：《永载史册的人类第一次登月壮举》，《国际太空》2019 年第 7 期，第 15—18 页。

"阿波罗"计划中最后一次任务。

人类生来就对未知充满好奇，拥有探索未知的本能。登月成功在人类历史上绘出一幅绚烂的图谱，以阿姆斯特朗为代表的一代代探索者的名字将被永久地烙印在这幅图谱之中。

第三节 "星球大战"计划

一、20 世纪 70 年代美苏"核力量"角逐

20 世纪 70 年代初，美国与苏联在核力量领域已呈现均势状态，两国均具备在首次遭核打击后，给予对方二次打击的能力。两国拥有的核武器数量已"饱和"，这使得一国遭袭后其剩余核武器数量仍能给对方造成毁灭性反击。因此，美苏任意一方率先发动核战争，其结局只能是同归于尽。在此种核打击能力制衡之下，为自身国家安全起见，两国皆不敢轻易率先使用核武器，双方通过"确保相互摧毁"的方式，彼此遏制，保障自身国家安全，维护国际和平。不过，这种"安全"与"和平"并不稳定。如果一国领导人决策有失理性，或者一方实现进攻武器技术上的突破从而打破两国间核力量平衡的格局，那和平亦将随之不复存在。

20 世纪 70 年代苏联军事力量发展迅速，使美方倍感威胁。苏联战略进攻核力量高速发展，1979 年苏联洲际弹道导弹弹头数量已达3500 枚，比 1972 年增加了 50%。1982 年，苏联拥有的弹道导弹与远程轰炸机的总核爆炸威力已近美国的 2 倍。[1] 而在战略防御力量上，苏联的实力明显强于美国。20 世纪 70 年代中期，美国在反卫星系统研发问题上采取"双轨政策"，通过寻求同苏联就签署限制反卫星武

---

① Norris, Robert S. and Hans M. Kristensen, "Nuclear U. S. and Soviet/Russian Intercontinental Ballistic Missiles, 1959 – 2008", Bulletin of the Atomic Scientists Vol. 65 No. 1, 2009, pp. 62 – 69.

器协定进行谈判，为未来本国反卫星系统建设发展争取时间。为博得苏联信任，美国选择拆除其以往部署的反弹道导弹和反卫星武器。不过，经过三年交涉，双方在暂停太空反卫星武器试验、太空敌对行为定义等问题上难以达成一致，加之 1979 年苏联出兵阿富汗，美苏两国关系全面倒退，有关限制反卫星武器的谈判最终被搁置。在此期间，苏联并未暂停试验反卫星武器，至 20 世纪 80 年代初苏联已经拥有了反弹道导弹系统和反卫星系统，进而在空基防御及空间作战领域中占据优势。

二、"星球大战"计划的提出及其国际影响

"星球大战"计划，是 20 世纪 80 年代美国研议的一个反弹道导弹军事战略计划，该计划源自时任美国总统里根在冷战后期的一次著名演说。由于苏联拥有比美国更强大的核攻击力量和导弹突防能力，美国担心"核平衡"被打破，需建立有效的反导弹系统，来保证其战略核力量的生存能力和可靠的威慑力，维持其核优势；同时，美国拥有强大的经济实力，通过太空武器竞争，或许能拖垮苏联的经济。在美国和苏联的争端之下，"星球大战"计划被提出，但具体提出过程较为漫长复杂。

在新的"核力量"对比格局与国际形势之下，不少美国政府官员逐渐认识到依靠"确保互相摧毁"维护的"恐怖和平"的脆弱与其中潜藏的危险。里根总统对于以防御替代遏制的新安全战略十分关注，早在 20 世纪 70 年代末他已意识到尽快展开导弹防御系统研究建设的重要性。1979 年 8 月，里根参观北美防空司令部后，接受了《洛杉矶时报》的采访，他指出，美国的技术水平足以使其在苏联发射导弹后立即发现、追踪并确切地知道导弹的抵达时间以及目的地，但是无法对导弹加以阻碍拦截。里根断言："现在是将我们在这一领域内的专家……集中到防御他们（苏联）的导弹，保护我们的人民的

时候了。"① 同月，里根的内政顾问马丁·安德森与共和党参议员马尔科姆·沃勒普不约而同地向他建议，美国应当建设新的导弹防御体系。沃勒普在寄给里根的《导弹防御的机遇与优势》一文中，构想了在太空安置化学激光武器，用以应对、摧毁袭击美国的导弹。

1980 年里根赢得总统大选，并于 1981 年 1 月 20 日宣誓就职。同年，里根的国家安全顾问、美国国家安全委员会前特种计划室主任丹尼尔·格雷厄姆在里根总统基金会的资助下，组建核心的美国"高边疆"委员会。1982 年，该委员会发表《高边疆——新的国家战略》报告指出，美国应当放弃在"确保相互摧毁"下实现"恐怖和平"的安全战略，转而采取"确保生存"战略，组建包括以太空为基地的战略防御体系，阻止核攻击，消除苏联核力量对美国及其盟友的威胁。

而 20 世纪 80 年代初美国在定向能武器研究及航天技术上的突破，为将天基导弹战略防御体系构想付诸实践提供了技术基础。1981 年劳伦斯·利弗莫尔实验室发现 X 射线激光术，这为开发空基激光和粒子束武器奠定了基础。利弗莫尔实验室的创始人之一、犹太裔理论物理学家爱德华·泰勒极力鼓吹美国应建设导弹战略防御体系，并笃信美国定能成功研制出用于防御的新核武器系统。同年，美国"哥伦比亚号"航天飞机首航成功。不同于运载火箭，航天飞机可重复使用，它可在太空与地球间往返运输人员物资，亦可用于发射、回收及修理卫星，还可装配和支援大型航天设施、永久性航天站等。1982 年 7 月，在"哥伦比亚号"完成第四次飞行任务后，美国航空航天局宣布航天运输系统投入使用。航天飞机技术的成功使得美国在太空开展大规模军事活动、建设反导系统的目标成为可能。此外，这一时期美国计算机、机械材料、微电子等高技术领域进展飞速，亦为开展天基导弹防御系统研究建设带来了机遇。

---

① Paul Lettow, Ronald Reagan and His Quest to Abolish Nuclear Weapons, New York: Random House, 2005, pp. 37 - 39.

在"高边疆"战略理论与科技进步的支持下，1982 年 7 月，里根签署总统令，将建设"宇宙防御"定为美国空间政策的目标之一。1983 年 3 月 23 日里根发表电视演说，宣布将制订新的导弹防御计划。他呼吁："让我和大家一起来设想一个带来希望的未来，那就是制订一项计划，用防御性的手段来对抗令人生畏的苏联导弹威胁。"①

里根在演讲中为民众构建了新战略防御计划下国家安全、百姓安居的美好图景。防御系统可在弹道导弹飞抵美国或盟国国土前，对其进行拦截并加以摧毁，消除战略核导弹的威胁。这一演说的发表也意味着美国国家安全战略从"确保互相摧毁"转向"高边疆"理论所倡导的通过防御"确保生存"。

演讲发表后不久，4 月 18 日，里根签署 1983 年第 6 号国家安全指令，命国防部评估反弹道导弹系统在美国及其盟国国家安全中的作用，并制订一份长期研究发展计划。4 月，国防部长卡斯帕·温伯格组建由其直接领导的战略防御局，负责战略防御研发工作。6 月，国防部下设防务技术研究小组和未来安全战略研究组，从外交与技术两方面对"战略防御计划"展开论证。两研究组认为在可预见的技术进步下，反弹道导弹系统建设具备可行性。总统安全事务助理小威廉·克拉克领衔的美国政府高级部际小组，亦认可这一观点。

1983 年 10 月，国防部向里根总统及国会提出名为"战略防御倡议"的反弹道导弹研究计划，这便是为人熟知的"星球大战"计划。1984 年 1 月，里根签署第 119 号国家安全指令，要求着手研究激光和粒子束等空间武器，这标志着"星球大战"计划正式实施。

"星球大战"计划的提出，在国际上产生的影响尤为深刻，其刺激着以苏联为核心的社会主义阵营国家、部分西欧国家与日本等亚洲国家积极投资发展高技术领域。时任苏联领导人戈尔巴乔夫认为，美国推行此计划的实质目的是铸造"宇宙之剑"。他表示，若美国执意

---

① 李瑞晨、孙俭、俞启宜：《星球大战与美苏太空争夺》，世界知识出版社 1989 年版，第 34—35 页。

推动太空军事化，破坏当前战略均势，那么苏联也必将采取相应措施。1985年苏联领导的经济互助委员会成员国签署了《2000年科学技术进步综合纲要》（简称《综合纲要》），联合开发先进、尖端科学技术。在该纲要签署的不久前，时任法国总统密特朗提出的"欧洲科研协调机构"计划得到其时欧洲经济共同体成员国的支持，欲集中各成员国科研机构技术与经济力量，推动西欧计算机、通信技术等高技术领域发展。

三、"星球大战"计划的实施过程

"星球大战"计划属长期计划，弹道导弹防御系统建设完成需经数十年的研究发展。美国国防部将这一计划分为四个阶段：（1）自1983年里根演说至20世纪90年代初为最关键的研究阶段，在可行性论证的基础上，突破系统建设所需关键技术，通过实验论证研发实战型弹道导弹防御系统的可能性及具体方案；（2）20世纪90年代初至90年代中期为发展阶段，若具备建设可能性，则此阶段将设计、制造及实验防御系统所需的部件样机；（3）20世纪90年代中期至21世纪初则为生产和逐步部署阶段；（4）2000年至2010年则为完成全面部署阶段。其中，第一阶段是整个计划的基础，若未能通过可行性研判并完成关键技术突破，那么"星球大战"计划便将石沉大海。

1983年"星球大战"计划各研究组认可其可行性后，美国国防部决定在1984年至1989年拨款250亿美元，用于开展"监视、识别、跟踪和杀伤评定"技术、定向能武器、动能武器、系统分析和作战指挥以及"生存能力、杀伤能力与后勤保障"技术五个技术领域的研究，以及"创新科学计划"研究的推进。其中，"创新科学技术计划"由创新科学技术处主导，用以推进计算机、材料物理、太空实验等服务于"星球大战"计划的基础科学与工程研究。

20世纪80年代，用以拦截导弹的定向能武器、动能武器研发进展迅速。定向能武器是将能量增强并向指定方向集中释放来打击目标的非抛体式远射武器系统，激光武器、粒子束武器皆属这一类型的武器。动能武器则是利用高速运动弹头的巨大动能，通过直接碰撞摧毁目标的武器装置，包含非核拦截弹及电磁炮。

在定向能激光武器系统建设上，美国核激励定向能武器研制有所成效。1982 年美国已开展以氟化氪激光器为基础经转换的高效能激光器试验。1985 年 3 月，利弗莫尔实验室开展核爆炸激励 X 射线激光器试验，并在一次地下核试验中将核爆炸所获得的 X 射线成功集中为高能激光束。8 月，核爆炸激励 X 射线激光器已研制完成。空间绕轨道运行的用以发射地基激光束的反射镜面研究也取得进步。1985 年大型分子镜试制成功，平面反射镜规格亦满足用作天基中继镜的需要。尽管中性粒子产生困难，但 1985 年美国橡树岭实验室已产生的中性粒子束流强可以在 5 秒内打出 100 毫安。同年，利弗莫尔实验室试验将带电粒子束置于经低能量氟化氪激光激励的甲烷气体中，观察发现在高层大气层中若经这种方式形成传导通路，可能消除带电粒子束穿过大气时出现的散射现象。带电粒子产生较中性粒子容易，这一实验结果提供了在空间防御中利用地基带电粒子束武器的新思路。

美国也积极推进非核拦截弹这一动能武器可行性论证与研发。1984 年 6 月，美国开展拦截弹实验，其间"民兵"导弹改造的配有红外寻的器的拦截弹，成功摧毁了"民兵 1 号"导弹。两年后，美国又利用 F-4 战斗机在高空向一高于声速 3 倍的活动目标发射导弹，并将其击毁。此外，动能反卫星武器研制亦有成果，1984 年 9 月，一架 F-15 喷气式战斗机携带的置于运载火箭上的反卫星武器，击中太平洋上空轨道运行的一颗废旧美国科学卫星。至于电磁武器，其在发射频率及储能密度上也有所提高。

在以航天运输及发射为主的"星球大战"计划后勤保障体系建设领域，航天飞机实验与新式太空飞机设计上也取得进展。继"哥伦比亚号"航天飞机试航成功后，1983 年至 1985 年，美国第二架航天飞机"挑战者号"曾先后 9 次载运卫星往返地空之间。不幸的是，1986 年 1 月 28 日，"挑战者号"在执行第 10 次太空任务时，因右侧固态火箭推进器上面一 O 形环失效及其导致的一系列连锁反应，在升空后第 73 秒爆炸解体坠毁，机上 7 名宇航员全部遇难。1984 年 8 月，第三架航天飞机"发现者号"首航，1988 年其执行了"挑战者号"意外事件后的首次太空梭飞行任务。

20 世纪 80 年代中前期在导弹防御系统建设上的进步，并未为"星球大战"计划赢得举国一致的支持。美国科学家联合会、布鲁金斯学会、麻省理工学院国际研究中心以及瑞典斯德哥尔摩和平研究所等机构，在对"星球大战"计划进行论证后，均认为无论是在技术还是外交层面，美国均无法依靠建设天基导弹防御系统保障其国家安全。由美国前总统卡特、前国务卿大卫·腊斯克等组建的全国拯救反弹道导弹条约运动组织亦公开反对"星球大战"计划。该组织认为，核战争中任何一方都无法幸存，寻求以技术办法改变现实不过是徒劳而已。不少科学家拒绝参与这一计划的研究，在美国国会讨论军事财政预算时，以前国防部长罗伯特·麦克纳马拉为代表的部分国会议员陈述"星球大战"计划的不可行性，这为该项目拨款制造了困难，最终致使 1986 年国会给该计划的实际拨款额度不到国防部预算的 70%。

事实上，"星球大战"计划的技术进步并非巨大，且其军事应用价值不高，至 20 世纪 80 年代中期关于导弹防御系统建设是否能够真正成形尚无定论。1985 年美国参议员威廉·普罗斯米利组建"星球大战"计划非正式调查小组，通过采访战略防御局官员及利弗莫尔实验室的科研人员，其指出其时该计划关键技术领域尚未取得重大突破，建立有效的导弹防御系统十分困难。尽管沃勒普、温伯格等"星球大战"计划的狂热支持者曾尝试尽快推动防御系统的落实，提出"阶段一"计划，即于 1994 年前完成数百个空间战斗站及数千个陆基拦截系统的部署。但囿于短期内难以攻克的技术瓶颈与有限的经费，这一短期计划也仅停留于纸面。

20 世纪 80 年代后期，虽然人们已经发现以建设定向能武器为主、动能武器为辅的多层战略导弹防御系统为目标的"星球大战"计划难以真正落实，但是这一时期，技术研究仍在推进，尤其是天基动能拦截弹的研制可谓卓有成效。1986 年 12 月，美国国防部决定，将"星球大战"计划改为以动能武器为主，而后再逐步过渡到以定向能武器为主。利弗莫尔实验室制成的"智能卵石"拦截弹为国防部所重视，其弹头重量仅为 2 千克，集目标探测、跟踪、寻的、拦截等功能于一身，将多颗"智能卵石"部署在绕地轨道上便能构成覆盖全球的拦截网，可用于拦截敌方导弹以及摧毁军用卫星。1989 年，布什政府再次调整"星球大战"计划，以"智能卵石"动能拦截方案为"星球大战"计划的发展重点，通过在多个不同的近地轨道上部署数千枚"智能卵石"，并在陆地基地部署地基拦截弹，为美国及其盟国建设导弹防御系统。不过，若要实现这一目标，美国至少需生产部署 5000 枚拦截弹，耗资巨大。

四、"星球大战"计划的终结

20 世纪 80 年代中后期，美苏两国间的关系亦有所缓和。1986 年，时任苏联总统的戈尔巴乔夫提出"新思维"。关于美苏间军备竞赛，其在苏联共产党第二十七次代表大会政治报告中指出，核大战导致的是全人类的毁灭，国际间当通过核裁军保持最低水平的战略平衡。他积极改善同美国的外交关系，推动裁军谈判，主张美苏应当结束军备竞赛，避免两国最终沦落至逼不得已开展核对抗的地步。1985 年底至 1988 年戈尔巴乔夫同里根多次会晤，并达成了不允许发动核战争、防止美苏之间的任何战争、不允许占有军事优势等两国关系原则。美苏关系的缓和，也使得美国不再面临来自苏联的大规模核导弹攻击的威胁，加之海湾战争的爆发，美国导弹防御系统建设重点由天基导弹防御系统转为陆基战区导弹防御系统。1991 年 12 月 26 日，苏联宣布解体，美苏两极对垒终结。在国际局势巨变之下，1992 年美国国防部发布 5141 号指令，取消"星球大战"计划并裁撤战略防御局。

1993 年，美国总统克林顿宣称"星球大战时代已经结束"。尽管原本以应对苏联核威胁的天基导弹防御系统建设不再重要，但美国对其的研究、实验和部署仍未停止，有关"星球大战"计划将"死灰复燃"的猜测不断。

2003 年 6 月，英国媒体曾报道，受全球卫星导航系统在伊拉克战争中发挥巨大作用的激励，美国政府计划重新启动野心勃勃的新"星球大战"计划，在太空中大量发展军事飞船，组建太空巡逻舰队，企图在地球臭氧层外的太空中建立起一个强大的军事帝国。有英媒披露，这一新"星球大战"计划被命名为"否决"，美国意欲通过这一计划缔造其在太空的霸权。若该计划完成，未来任何国家都无法在未经美国同意的情况下，实现对空打击。

2019 年 1 月 17 日，特朗普主持公布了《2019 导弹防御评估报告》（简称《报告》），这被不少国家的媒体视为"新版'星球大战'计划"。《报告》以中国、俄罗斯两国为美国的主要对手，忌惮两国的核系统的进步，主张依靠核威慑力防止两国发动"潜在"的核打击。美国亦忧虑其他国家反卫星能力的加强将影响其太空目标。该报告提出了未来美国导弹防御建设及发展方向建议，其中一条便是评估在太空部署导弹传感器和拦截武器的可行性。而建设天基导弹防御系统曾是"星球大战"计划的目标。《报告》中强调了太空在导弹防御中的重要性，认为利用太空可为应对各类威胁提供更加高效、更有弹性及适应性的导弹防御态势。不仅如此，天基系统不同于战区陆基系统，其布设不受领土主权阻碍，不需要为利用他国领土作为基地而签订协议。特朗普在讲话中表示，为抵御包含巡航导弹和高超声速导弹等在内的各类导弹的袭击，美国将对其导弹防御系统做出调整，新的预算将用于推进太空导弹防御体系研究建设。他宣称，"将把太空视为一个新战争领域"，而在这片新战场上"美国太空军将一马当先"。2019 年 12 月，美国国会众议院及参议院通过 2020 财政年度的国防授权法案，授权国防部组建太空军。同月 20 日，由特朗普总统签署，太空军自此成为美国第六大军种。2020 年 10 月，美国太空作战指挥部（SpOC）成立，负责管理全球定位系统卫星群、导弹预警卫星以及为战斗机提供全球联通的各种通信卫星等国家军事卫星的运行。2021 年 8 月，太空系统指挥部（SSC）成立，负责太空军开发、部署与延续性等。同月，太空训练暨战备指挥部（STARCOM）成立，负责教育、训练、测试太空军官兵。

第四节 国际空间站还是国际空间"战"

一、空间站发展历程

人类对于空间站的设想其实早在太空时代到来前就已初现端倪。20世纪初，苏联航天学家康斯坦丁·齐奥尔科夫斯基、德国航天学家赫尔曼·奥博特、奥地利火箭专家赫尔曼·波托奇尼克等人都在其著述中提出了有关早期空间站的构想。到了冷战时期，德裔美籍火箭专家冯·布劳恩在其著作《越过空间前沿》中首次提出了带有大型环状结构的空间站设计方案。这些构想碍于技术和资源限制沉寂了几十年，直到1971年4月19日苏联空间站"礼炮1号"发射升空，人类历史上的首个空间站才成为现实。6月6日至7日，苏联发射"联盟11号"飞船，成功将3名宇航员送入空间站内。宇航员在舱内停留了23天后准备返回，但由于返回舱空气泄露、舱压骤减，3名宇航员都因急性缺氧、体液沸腾而亡。这是苏联载人航天史上的一场灾难，也是人类为探索宇宙付出的惨痛代价。1971年10月11日，"礼炮1号"坠落在大气层中焚毁。

尽管"礼炮1号"的事故最终以悲剧告终，但从整体而言已经取得了一定成功，标志着人类航天事业进入新阶段。纵观世界空间站发展历程，可以大体划分为四个阶段。第一代空间站是以苏联"礼炮"系列和美国天空实验室为代表的实验性空间站。1973年至1976年，"礼炮2号"到"礼炮5号"相继升空，分别在轨54天、213天、770天、412天，其中除了"礼炮2号"无宇航员进站工作外，其余三个空间站均成功实现与"联盟"系列载人航天飞船对接，接收宇航员驻站，"礼炮4号"和"礼炮5号"实现了两次对接。美国天空实验室于1973年7月11日升空，在轨2249天，前后有9名宇航员进驻，取得了丰富的科研成果。这一阶段的空间站均属于实验性质的空间站，其特点为只具备一个对接口且携带物资设备能力有限，大部分装备都需在发射前装载入内，得不到及时补充，极大地限制了空间站的使用寿命。

第二代空间站在第一代空间站的经验基础上更进一步，通过提高系统的自动化程度和增加对接口数量，实现对系统整体安全性的提升和空间站使用寿命的延长，同时也减轻了宇航员所承担的风险和工作强度。这一代空间站外形简洁、注重实用、规模较小、装载紧凑，其典型代表就是苏联"礼炮 6 号"和"礼炮 7 号"。"礼炮 6 号"于1977 年 9 月 29 日发射，在轨 1764 天，前后共有九国宇航员进站工作，完成了大量太空观测和实验任务，取得丰富经验。"礼炮 7 号"于 1982 年 4 月 19 日发射，在轨 3216 天，完成了 120 余项实验任务，并且多次实施部件更换和修复，大幅提升了使用寿命。这也是苏联"礼炮"系列的"最后一炮"。

苏联在"礼炮"系列的基础上，建造了第三代空间站——"和平号"空间站。"和平号"空间站采用模块化设计，由核心舱、工作舱、转移舱、服务舱、实验舱等多个舱段结构组成，如同积木拼搭。1986 年核心舱发射，直至 1996 年才完成所有部件组装，运行至 2001年坠毁。"和平号"模块化的设计极大提升了空间站的灵活性，为国际空间站的建设积累了经验，尽管其技术上仍存在诸多不足，但作为20 世纪在轨时间最长、规模最大的空间站，为太空探索做出了卓越贡献。

二、国际空间站

（一）国际空间站的合作建设历程

国际空间站是迄今人类所设计的规模最大、结构最复杂的在轨航天器，也是第四代空间站。贺其治在《外层空间法》中将其定义为"以探测、研究和开发空间为目的的永久性载人或不载人的空间物体群或系统"。若从国际空间站最早的构想提出算起到其建成，周期长达四分之一个世纪。国际空间站主要由美国航空航天局、俄罗斯航天局、欧洲空间局、日本宇宙航空研究开发机构、加拿大国家航天局五个航天机构联合推进，美国、俄罗斯、日本、加拿大、巴西、德国、法国、比利时、意大利等十六国共同参与建造完成，其每一个零件都凝聚着人类探索太空的雄心壮志。

国际空间站计划的实施可大体划分为三个阶段。第一阶段为1994年至1998年，主要以空间站的设计、地面建造和国际准备为主。美国总统里根最初在1983年提出这一设想时将其命名为"自由"，20世纪90年代，为了扩大国际参与，空间站被重新设计命名。1998年1月20日，各国际空间站成员国在华盛顿签署了《加拿大、欧洲空间局成员国、俄罗斯联邦、美国政府间关于民用国际空间站合作协定》（简称《国际空间站合作协定》），还签署了《关于民用国际空间站合作协定》（简称《政府间协定》），同意共同建设、开发、使用国际空间站。这两个协定与成员国之间签署的四个谅解备忘录，以及一系列双边执行安排，共同构成了国际空间站的法律框架。

1998年至2001年为最关键的第二阶段，国际空间站在此期间基本完成了初步装配。1998年11月20日俄罗斯发射的"曙光号"控制模块作为国际空间站的第一个组件，提供能源、导航、通信、姿态控制等多功能，是空间站的基础。12月4日，"团结号"节点舱由"奋进号"航天飞船送入轨道，负责连接国际空间站上的6个舱体。"星辰号"服务舱于2000年发射升空并与国际空间站对接，使得空间站初步具备了接收宇航员驻站的条件。2000年11月2日，国际空间站迎来了第一批"旅客"，两名俄罗斯宇航员和一名美国宇航员乘坐"联盟号"航天飞船进驻。其他模块和各种设备也陆续由航天飞机发射进行自动对接，或由宇航员操作机械臂进行装卸。

第三阶段为2001年至2006年，主要目标是完成国际空间站的最终装配，使其拥有支持6人至7人在轨工作的能力并能全面投入使用。这一阶段最关键的工程就是桁架的安装——连接整个空间站的大跨度构件，直到2009年3月最终组装完毕。若说第三代空间站"和平号"的建造如同积木拼搭，那么国际空间站就好似一串由桁架连接的"葡萄"。其他舱段也陆续升空，到 2011 年国际空间站基本建成时，共有 13 个增压舱。

2009 年 5 月，国际空间站开始全面运行，接纳 6 人至 7 人工作组——一般由 3 名俄罗斯宇航员、2 名美国宇航员和 1 名来自日本、加拿大或欧洲的宇航员组成。国际空间站建成后，主要由俄罗斯"进步号"、欧洲空间局自动转移飞行器，日本"白鹳号"以及美国"猎户座号""龙号"等货运无人飞船进行各类物资设备的地天运输。原计划国际空间站将运行至 2016 年，而后延长至 2020 年，又延长至 2024 年，现在已出现将其运行延续至 2030 年的提议。截至 2023 年，国际空间站已经在轨运行近 9000 小时，进行过百余项实验研究，无论是对空间站的建设经验还是对科学的进步，都做出了卓越贡献。

（二）国际空间站的基本结构和科研成果

现今的国际空间站是一个飞行在距地球约 400 千米的重约 400 吨的庞然大物，其太阳能电池阵列翼展达 109 米，大约每 90 分钟绕地球一圈，人们在黎明或黄昏时抬头仰望天空，或许能看到一个明亮的光点在空中缓慢划过。

国际空间站的整体结构可以大致分为三部分。其一，以俄罗斯"曙光号"控制模块为基础，连接实验舱、气闸舱、节点舱，组成空间站的核心部分。包括俄罗斯"科学号"、美国"命运号"、欧洲空间局"哥伦布号"、日本"希望号" 4 个实验舱；美国"团结号"、"和谐号"、"宁静号" 3 个节点舱；美国"寻求号"、俄罗斯"码头号""研究号" 3 个气闸舱。其二，以美国桁架为主干，加装机械臂、物流模块和若干舱外储物平台构成的物流后勤系统。其三，桁架上的16 块太阳能电池板和 10 片散热片，为空间站提供能源和热控保障。

目前，国际空间站超过 50% 的资源用于科学实验和新技术开发试验，在医学、生物学、生物工程、材料学、空间技术、地球物理、对地观测、教育学等各方面均取得了一定进展。例如国际空间站在研究中子星时创造了可快速开关的 X 射线，能有效减少患者暴露的辐射量；关于杜氏肌营养不良相关的蛋白质晶体结构研究，为这种无法治愈的疾病提供了转机；对地面城市的热量追踪数据用于优化水资源分配、预防森林火灾、协助农田灌溉等各方面。其他成果还有如人造动物蛋白的开发、微重力环境下人工视网膜制造等。国际空间站的宇航员还会在空间站中录制科学教育视频，站内装配的无线电为来自世界各地的学生提供直接向在轨宇航员提问的机会。

"在国际空间站上进行的研究促进了我们对星球的科学认识，改善了人类健康，开发了尖端技术，并通过其成功的国际伙伴关系激励和教育了未来的领导者；这是一项真正令人兴奋的使命，也将在未来几十年里贯彻始终。"美国航空航天局休斯敦中心空间站首席科学家科斯特洛博士如是说。[1]

三、合作、竞争与摩擦

国际空间站作为有史以来人类建成的规模最大的在轨航天器，是国际合作的典范，也是美俄合作的典范。在过去的 20 多年中，国际空间站取得了卓越成果，但这一过程并非一帆风顺。虽然国际空间站的舱段设备的设计制造有六大机构、十六国参与，但总体而言还是以美俄为主，故而美俄关系一旦发生冷热变化，国际空间站的合作也随之"热胀冷缩"。

自冷战结束以来，美俄在太空领域的合作明显升温，1992 年 7 月两国签署了新的太空民事合作协议，涉及航天飞机与"和平号"空间站对接、国际空间站等载人航天合作活动及其他深空探索合作。美国国会在 1995 年发布了一份报告，详细分析了同俄罗斯进行太空合作的风险与收益，而"这一切在几年前是不可想象的"[2]。

在国际空间站始建之前，美俄的太空领域合作并没有多么深厚的

---

① "International Space Station Benefits for Humanity", 2022, https://www.nasa.gov/mission_pages/station/research/news/benefits-2022-book.

② U. S. Congress, Office of Technology Assessment, "U. S. -Russian Cooperation in Space", April, 1995, OTA-ISS-618, p. 12, http://ota.fas.org/reports/9546.pdf.

历史——1993 年开始美国航天飞机与俄罗斯"和平号"空间站的合作或为国际空间站的建造提供了经验——故而国际空间站的舱段、设备和系统虽是联合设计，但有明显的美式与俄式之别。俄式系统继承了苏联深厚的航天制造经验，以简洁耐用、机械性能良好、研发制造周期短、可维修为特点；相较之下美式系统更注重创新，以高度自动化、遥控检测性强、功能全面、直接替换为特点。在物资补给上，美俄各有航天飞机负责运输，而在 2003 年"哥伦比亚号"航天飞机遭遇空难、2011 年美国航天飞机退役后的很长一段时间内，俄罗斯的"联盟号"和"进步号"飞船成为了往来国际空间站的唯一载具，直到 2012 年美国太空探索技术公司研发的"龙号"飞船成功与国际空间站对接，美国重新获得独立物资运输能力。

这种国际合作中差异的好处在于设备上的互补性，当其一方的设备出现不足时，可以由多方补足，互为保障。如国际空间站上执行双轨制的舱外航天服，在美国缺乏运输能力期间，美国的两套航天服出现技术故障无法使用，第九批考察组的美国宇航员最终身着俄罗斯奥兰航天服完成了出舱排除故障的任务。然而这种"泾渭分明"的合作也明显存在缺点：一是宇航员需学习两种语言以及两套设备的使用、维护方式，工作量成倍增加；二是增大物资运输存储负担；三是沟通协作隔阂导致分歧、摩擦更易发生。2018 年 8 月，国际空间站发生漏气事故，导致舱压轻微下降，经检查发现漏气点在对接于空间站上的俄罗斯"联盟号"飞船，是一个直径约 2 毫米的小洞。这一安全隐患引起美俄两国相互推诿责怪。2021 年 7 月 29 日，俄罗斯"科学号"实验舱发射升空与国际空间站对接时，其推进器意外喷火，导致国际空间站翻转 45 度并脱离了轨道。美俄两国的地面控制中心都在第一时间发现了异常。美国航空航天局同空间站的通信中断了 11 分钟，地面工作人员高度紧张，已经将逃生舱准备就绪。俄罗斯尝试关停"科学号"的推进器无果，只能启动"星辰号"和"进步号"飞船引擎进行姿态调整，整个过程持续了 45 分钟左右，直至"科学号"实验舱推进剂耗尽。9 月 28 日又一次发生类似事故，俄罗斯"联盟号"

飞船在对接后进行动力测试时意外失控，使空间站翻转了57度。此类事故使得美俄双方渐生嫌隙。

除国际空间站本身，国际局势也会影响空间站的合作态势。2014年乌克兰事件爆发，美俄关系迅速降温，在太空合作领域展开了一系列制裁与反制裁，3月美国航空航天局发表声明，冻结除国际空间站以外所有与俄罗斯的接触。4月俄罗斯副总理罗戈津在推特上发文："我建议美国在蹦床的帮助下把宇航员送上国际空间站。"[①] 俄方的言论并不是空穴来风，国际空间站的人员来往和物资运输长时间依靠"联盟号"和"进步号"飞船，俄罗斯一度"坐地起价"：2006年一张"联盟号"的船票为2600万美元，2015年则涨至7100万美元。2021年10月，随着俄乌冲突爆发，美俄关系再次进入高度紧张状态。

俄罗斯在独立建造空间站上早有打算，也在寻求与他国合作。就目前国际空间站的状况而言，将俄罗斯舱段分离再以此为基础补全其他构建，建成独立空间站并非毫无可能。国际空间站的核心舱段"曙光号"和"星辰号"都为俄罗斯所控，担负动力系统，一旦失去俄控舱段，国际空间站将以每月2千米的速度向地球坠落，如果其他成员国无法解决这一问题，国际空间站将难以存续。如果俄罗斯拒绝合作，其他成员国宇航员的返航也存在困难。

虽然在2015年和2022年，俄罗斯曾两度拒绝美国延长国际空间站使用日期的建议，但2023年4月俄方再次宣布将计划使用国际空间站至2028年。有专家估计建成新的轨道站需要10年左右的时间，长时间的停滞将对俄罗斯载人航天业造成损失。而美国更是表示希望能使其至2030年。2023年4月25日美国航空航天局局长纳尔逊也表示，尽管"我们完全不认同普京总统的行为"，但国际空间站的宇航员间的合作将"以一种非常专业的方式继续进行，没有任何问题。我预计这种情况会一直持续至这个十年结束，届时我们将让空间站脱

---

① 何奇松：《乌克兰危机下的美俄太空关系及其影响分析》，《国际观察》2015年第3期，第22页。

离轨道"①。国际关系波动使得国际空间站的合作遭遇巨大挫折，同时国际空间站经过四分之一世纪的在轨运行，其老化、磨损和相应的高昂维修代价也不容忽视。但无论是美国、俄罗斯还是其他国家，都在这一方面做出妥协让步，维系着"摇摇欲坠"的合作关系，足见国际空间站难以替代的价值。俄罗斯国家航天集团总裁尤里·鲍里索夫在向国际空间站项目伙伴国的航天机构负责人的致信中说："国际空间站是航空航天领域规模最大且最成功的国际项目。我很高兴，如此独一无二的实验室将继续工作并帮助人类在开拓宇宙空间上实现大胆的计划。"

目前来看，2030 年后，国际空间站将坠入大气层，届时将开启一个更加融洽合作的空间站时代，还是充满激烈竞争与摩擦的空间"战"时代，尚不得而知。

①《NASA 局长：美俄不会中止此项重要合作》，参考消息网，2023 年 4 月 26 日，http://ym.cankaoxiaoxi.com。

第三章

太空的参与者们

人类太空探索利用是其社会实践活动的扩展与延伸，各太空参与者之间的互动是内嵌于现行国际体系中的重要成分，正在形成的外层空间秩序亦将表明当代世界秩序。

第一节　美国大力推进"太空武器化"

一、由"避风港"到"作战域"

随着世界上第一颗人造地球卫星的成功发射，太空军事化的帷幕随即拉开，之后的太空探索也被赋予了军事竞争的性质。而在太空军事化的过程中，从太空竞争论、太空控制论到太空霸权论等的演变过程中，"太空武器化"迅速发展。

美苏冷战初期，艾森豪威尔等历届美国政府均接受了太空"避风港"观念，太空能力主要被用于收集战略情报、执行核军控条约、提供核攻击早期预警等战略任务，因而对保持美苏核恐怖平衡发挥了关键的稳定作用。但自20世纪70年代后半期以来，美国开始了一场以推进太空作战为主要内容的太空安全战略转向，太空"避风港"观念逐渐式微，而太空作为"作战领域"的观念在美国决策界日益盛行。里根政府把太空纳入国家安全范畴，批准"高边疆"国家战略，后来又推出了"星球大战"计划。同时，美国军队还在实践上积极推进太空从以研究和开发为主向以作战应用为主的转向，积极促进太空武器和作战模式的革新。

冷战结束以后，美国继续致力于提升太空在国家安全中的战略地位，同时利用太空技术优势和《外层空间条约》等的漏洞，实施"太空武器化"政策，加速发展太空武器装备，以谋求太空霸权。1996年，克林顿政府出台了《国家太空政策》，表明允许为了国家安全利益进行太空防务建设，并相继推出了国家导弹防御计划和战区导弹防御计划，重点在监视太空动向及保护太空设施、航天器与地面站点，其太空战略强调防御性。2001年，美国国家安全太空管理与组织委员会的报告（《拉姆斯菲尔德报告》）断言，"历史上陆海空每个领域都发生过冲突，太空也不会有所不同"①。此后，美国"太空珍珠港"威胁论甚嚣尘上，对美国国家安全战略产生了重大影响。小布什政府奉行单边主义的先发制人政策，主张主动消除安全威胁，强调太空优势在未来战争中的重要性。在此期间，美国制定了一系列太空政策，明确提出太空军事化的发展战略，支持并批准资助一系列太空武器技术研发及试验计划，以完成太空控制和太空兵力运用等作战任务。2009 年，奥巴马上台以后，试图改变小布什政府的进攻性政策，转向积极防御，追求相对有效的制天权。奥巴马政府呼吁世界各国禁止太空武器，并表示要加强国际太空合作，主张采取多边主义的合作方式处理安全威胁，但是却并没有排除太空作战先发制人攻击的可能性。以 2014 年启动太空战略评估为起点，奥巴马政府重拾强硬立场，在渲染"太空威胁"的同时高调备战太空。到 2017 年，特朗普入主白宫，美国在太空安全领域更趋激进。特普朗政府认为世界重新回到大国竞争时代，俄罗斯等国在太空领域的实力严重改变了太空秩序以及权力分配。为应对他国对美国太空霸权的挑战，特朗普政府不仅首开总统官宣太空为作战领域之先河，而且积极推进美国国家军事太空体制重组，把备战太空推向新的高潮，太空"战场"观念上升为特朗普政府的官方立场。由此，美国完全公开确立了以太空战为核心的国家太空安全战略，这为发展太空武器奠定了基础。

美国的太空战略经历了由防御性到进攻性的多次转向，但究其本质，历界政府在战略目标上并没有发生方向性的调整，即谋求并强化美国在太空领域的控制战略，以实现太空霸主的终极目标并未改变。尽管奥巴马政府曾多次表明愿意就《禁止太空武器条约》进行谈判，实现太空非武器化，但实质上其仍是确保美国太空霸权的一种手段。当时，许多军事专家逐渐意识到并提出太空资产的脆弱性，而美国拥有的在轨运行卫星几乎占全球总数的一半，如果太空向武器化的方向

① Commission to Assess United States National Security Space Management and Organization, "Report of the Commission to Assess United States National Security Space Management and Organization", Jan. 11, 2001, p. 100.

继续推进，受到威胁最大的将是美国；另外，美国因经济危机无力大规模投资太空武器研发，但又担心其他国家趁机发展，从而对美国的太空资产构成威胁。因此，奥巴马政府以高姿态叫停太空武器，顺应国际社会禁止太空武器的呼声，既可占据道义制高点，亦可确保美国的太空安全和霸主地位。奥巴马政府的太空政策仅仅是在言辞上显得谦和些，但关于太空事务的核心主张却明显地与美国历届政府的太空战略保持着连贯性，即"必须建立一个强大的国家太空安全部门并坚决捍卫美国固有的维护其太空利益的自卫权利"①。

二、美国成为"太空武器化"主要推手

美国太空战略以确保太空控制、太空行动自由与谋求太空霸权为主要内容，历届政府的太空政策都强调美国必须发展太空控制能力，即在危机之时确保太空行动自由并剥夺对手太空自由行动的能力。而太空武器恰恰是太空控制的不二选择，因此美国不仅大力发展太空武器，而且还为此寻找正当理由，使太空武器合理化，美国也因而成为了"太空武器化"的主要推手与重要策源地。

为在未来深空博弈中占得先机、克敌制胜，美军加快发展太空武器，其太空武器装备日益呈现攻防兼备、网空融合、环境透明、快速重构、军民融合等特点。

（一）研制新型高新武器

21世纪初，美国提出"控制太空"战略，其太空军事发展重心开始从太空系统支援联合作战转向太空攻防对抗，并追求在高新武器发展方面的全球领先地位。以信息、网络、速度为核心要素，以太空、临近空间、网络电磁空间为主要战场，以战场控制、快速机动、远程打击和主动防御为基本特征，美军发展了高超声速武器、空间飞行器、新概念航天器等一系列新型武器装备，集中反映了美军作战体

---

① Austin bay, "Obama Orbits: Satellites and Space Weapons", Jan. 27, 2009, http://www.strategypage.com/on-point/20090127222254.aspx.

系的应用特征和发展方向。

　　由于各国先进雷达和导弹技术的发展，美军逐渐意识到其拥有的隐形飞机、航母编队等远程打击力量难以应对各种新的安全挑战，因此认为应发展不依赖前沿部署就可快速打击全球目标的战略手段，并大力发展攻防兼备的太空武器装备。在此背景下，集航空航天优势为一体，具有大范围轨道机动能力、长时间在轨运行、可重复使用、跨大气层飞行等技术特征的空天飞机随之问世。2010 年 4 月 22 日，美国研制的首架 X－37B 空天飞机（又称 X－37B 空天战机）从东部佛罗里达州卡纳维拉尔角空军基地发射升空，在太空运行 7 个多月后，于 2010 年 12 月 3 日顺利返回地球，降落在西部加利福尼亚的范登堡空军基地，标志着太空军事发展步入了一个新阶段。截至 2022 年 11 月 12 日，X－37B 空天飞机已完成 6 次飞行试验，且都取得了成功，证明其已具备了实战能力。空天飞机作战区域覆盖整个空天战场，具有太空运输、轨道作战和对地攻击的综合能力。一方面，空天飞机可根据指令自主返回地面，经过简单的快速维护和加注后重新发射升空，并通过强大的轨道机动能力完成应急补网、天基攻击和在轨服务等太空作战任务，大大增强了太空作战的灵活性。另一方面，空天飞机可携带多种武器载荷，对地面重要战略目标实施全球快速打击，从而为战略突防打击提供了一种新的手段。空天飞机一旦投入实战使用，将与在大气层内执行任务的各种作战飞机和在轨运行的各类航天器构成一体化的空天攻防体系，不仅会极大地改变太空军事行动样式，也将对未来联合作战产生重大影响。

　　随着美军作战体系的信息能力和打击能力的提升，除空天飞机外，体现人类追求武器速度极限的高超声速武器、具有"察打一体、攻防皆可"显著特征的空间机器人等皆显现出巨大潜力的实战前景。太空武器是进行空间对抗的基本手段，正是各式各样的太空武器构成了美军强大的作战网络，不断重塑着空间战场的新样貌，同时提升和增强了太空对抗能力和太空威慑效应，从而为夺取制天权奠定了重要基础。

（二）发展太空武器装备重建能力

在太空爆发战争，尤其是核战争，将摧毁绝大部分太空系统。因此，太空系统短时间内的快速重构和恢复，将决定战争的胜负。随着俄罗斯、印度等国太空战能力的不断提高，美军开始重视太空力量被摧毁后的迅速重构，以抢在敌国空间力量恢复之前奠定胜局。

2007 年，美国开始实施"快速响应空间"计划，构筑卫星的"立即发射"体制，以便在本国卫星被击毁或破坏的场合立即发射"替代卫星"，从而增强太空武器系统的灵活性和恢复力。该计划主要围绕小卫星低成本、高灵活性、组网协同和快速响应能力建设，实现在全球范围内快速有效地与敌方交战。2013 年 11 月，美军利用"米诺陶洛斯 1 号"火箭一箭发射 29 颗卫星，有效验证了快速发射补网技术。

随着空间力量的快速发展，运用战术小卫星快速直接支援作战已成为美军空间力量发展的目标之一。利用战术小卫星这种灵活的太空资源，可使空间系统更加稳健，减轻卫星易损性，从而更好地为战场指挥官提供作战信息和作战服务。

（三）升级太空态势感知系统

毋庸置疑，太空能力催生了新型武器，而新型武器的诞生也带来了对抗形式的革新。美国大力推行"太空武器化"政策，不仅仅只停留在单个武器装备的研发和升级上，同时也在大力建设太空态势感知系统，提升太空监视水平，以期将空间能力集成于各种武器装备上，而这将对未来太空战的胜负产生决定性意义。

掌握太空环境变化和在轨飞行器运行活动不仅是保障自身太空系统安全的前提，也是开展太空攻防对抗活动的基础。因此，美国重视太空感知能力的建设，力图实现太空战场环境的单向透明。美国太空态势感知系统由地基"太空篱笆"、太空监视望远镜、天基太空态势感知卫星和指挥控制中心组成，目标是发现、追踪、识别和区分所有太空物体，以及描述和预测太空环境。地基"太空篱笆"使用固态 S 频段技术检测和跟踪太空轨道中的物体，可探测低地球轨道直径 5 厘米的太空目标，并具备对更高轨道物体的搜索能力。天基太空态势感知系统则可以不受天气、地形等自然条件影响，实现准确实时监控，对在轨目标进行探测、预警、监视和跟踪。美军计划 2015 年至 2020 年在太空态势感知领域投资 60 亿美元，进行地基与天基空间目标监视系统的更新换代和联合空间作战中心任务系统的升级改造，力图将传统的太空监视转型为对太空及太空环境的全谱段实时监视、侦察，并实现空天与网络的融合。

另外，值得一提的是，由于太空环境和太空作战的复杂性以及极高的维护费用，太空武器装备成本居高不下，美军也开始注重推进太空武器装备研发的军民融合。如特朗普政府鼓励私营公司与国防部合作发射军方卫星、研发太空军事技术，以美国太空探索技术公司为代表的私营太空公司成为美国太空战的坚实后盾。

三、国际视域下的"太空武器化"

太空科技的突飞猛进为"太空武器化"提供了重要的客观条件，太空具有重要的军事战略价值则是"太空武器化"发展的根本性因素。冷战结束以来，卫星广泛地运用于局部战争，美国则凭借其无与伦比的太空优势，迅速赢得了所参加的局部战争的军事胜利。因此，美国确定太空是创造胜利的战略和战术"终极高地"，并希望通过发展太空武器，进一步提高美军的作战能力，拉大与其他国家在军事上的差距，从而建立一支不受任何挑战、兼备攻防能力的军事力量，使美军能够实施多样化的作战任务，以应对不同的战争场景。而随着越来越多的国家开始重视太空资产并走向太空领域，美国认为太空变得拥挤、充满争夺和竞争。2019 年 1 月美国中央情报局公布的《国家情报战略》对太空多极化的趋势忧心忡忡，认为太空多极化对美国构成了挑战，太空不再是专属于美国的领域。在美国看来，他国反太空能力的快速发展，使其太空霸权受到了严重的挑战与侵蚀，因而必须选择发展太空武器予以应对。

武器源于对抗，对抗促进了武器的发展。美国的"太空武器化"政策必然引起其他国家的相应回应。在无法迫使美国收敛其既定政策与做法的情况下，有的国家也被迫加入到太空武器的研发和试验中来，对此，美国又进一步采取应对措施。如此循环，"太空武器化"程度进一步抬升。

随着太空竞争的日益加剧，"太空武器化"愈发成为太空安全的突出问题，不仅危及在轨运行卫星的安全，而且影响着国际战略格局的稳定与平衡。"太空武器化"将会污染太空环境、破坏太空资产、增加冲突发生的概率以及太空治理的难度，甚至危及人类的生存环境，同时也会给太空商业开发等带来诸多挑战。尽管"太空武器化"带来的危害有目共睹，但要想通过谈判削减或者废除有关国家拥有的太空武器绝不是一件易事。由于发展太空武器是国家实力的表现、是获取国际地位的重要来源，在太空威胁感知没有减少的情况下，国家获取太空武器的意愿就不会降低。正如美国总统里根对苏联总统戈尔巴乔夫所说的："互不信任因为手握刀枪，手握刀枪因为互不信任。"在此情况下，国际社会仍为治理"太空武器化"进行了不懈努力，但由于美国等少数国家的反对——利用联合国裁军谈判会议一票否决制的工作方式，拒绝达成任何限制太空军备的国际条约，因此用具有法律约束力的条约禁止"太空武器化"举步维艰，有关倡议长期以来难以取得实质性进展。

第二节　俄罗斯的"非对称性反击"

一、太空强国的陨落与重建

在与美国数十年的"太空竞赛"中，苏联一度处于领先地位。该时期亦成为其太空探索技术发展的巅峰阶段，为后来的俄罗斯在太空探索领域带来无上荣耀与声望。但后苏联时代的俄罗斯在经历政治经济动荡后，可用于太空研发的资金大幅削减，无法进行长期深入的太空技术研发，也使得苏联时期构建的太空前沿大国地位逐渐消亡。进入 21 世纪后，俄罗斯国内经济局势有所好转，政府再次聚焦于航天探索领域，试图恢复和提高太空技术创新能力，以此维持航天强国地位。

然而，在历经苏联解体的大震荡后，俄罗斯太空探索技术早已达不到曾经的辉煌。2009 年，俄罗斯向国际空间站发射货运飞船，自动对接装置两次出现故障。2010 年底，由俄罗斯"质子号 – M"运载火箭搭载的 3 颗"格洛纳斯 – M"导航卫星在从哈萨克斯坦境内的拜科努尔发射场升空后，未能顺利进入预定轨道，最终坠落在夏威夷附近海域，3000 多万美元的研制投入付之东流[1]，从此俄航天史上多了"窘迫"的一笔。

种种失败皆显示，俄罗斯太空实力早已不复苏联时代。但当美国提出"太空武器化"计划，且表露出其试图谋求太空霸主的野心时，俄罗斯在自身航天领域资金缺乏、国家政治不稳定情况下，毅然以"非对称性反击"方式做出回应。俄罗斯对美国"非对称性反击"中的"非对称性"体现在两方面：一方面是在理念和技术研发上的不对等，俄罗斯坚持太空非武器化，并积极探索不同于美国太空武器的新技术来遏制美方；另一方面是实力上的不对等，美国太空实力强劲，而俄罗斯当前实力在一定程度上与其并不对等，具有非对称性[2]。

二、"非对称性"太空安全战略

（一）太空安全观

俄罗斯十分重视本国太空安全，并将其上升至战略层面，试图通过各种途径来复兴太空强国地位，为恢复大国辉煌而努力。21 世纪

---

① 李冠礁：《"三星"坠落难掩俄罗斯航天雄心》，《中国航天报》2010 年第 3 期。

② 龙海东：《浅谈美俄争夺太空主动权的主要举措》，《黑河学刊》2016 年第 3 期，第 102—103 页。

初，俄罗斯将军事航天部队建设为独立军种，将航天事业与军事紧密联结。在美国2001年宣布退出《反弹道导弹条约》和2006年发布其新的太空政策后，俄罗斯也努力加强本国太空技术、太空武器的研发。随着国内经济、政治形势逐步好转，俄罗斯对航天领域的投入也逐年加大，将其看作带动工业发展的关键。后续，俄罗斯还实施了一系列推进太空事业发展的举措。在国际上，俄罗斯开拓商业市场，以太空商业化应用来赚取太空发展的本金。同时，俄罗斯广交盟友，联合别国一起倡导反太空武器化条约，在国际层面以舆论的形式制止美国大肆开展"太空武器化"活动。在国内，俄罗斯为确保危机来临之时能有应对之策，也在不断开发自己的太空新技术，如研发能突破美国反导系统的战略导弹和隐形战略轰炸机、制定"空天一体防御"战略等，强化国家硬实力，确保国家太空安全①。

（二）太空安全政策

1. 太空非武器化

太空非武器化，顾名思义就是禁止在太空设置武器，同时也禁止对太空物体使用武力或武力威胁。俄罗斯在国际上曾多次提议推行太空安全相关政策，尤其提倡太空非武器化，试图以此约束美国发展太空武器化、军事化。

2002年6月，俄罗斯等国向联合国裁军谈判会议提交《关于未来防止在外空部署武器、对外空物体使用或威胁使用武力国际法律文书要点》的工作文件，并在2004年至2007年，每年都向联合国裁军谈判会议提交相关文件材料。以上材料直接致使俄罗斯等国在2008年2月提交《防止在外空放置武器、对外空物体使用或威胁使用武力条约》草案（PPWT）。2014年6月，俄罗斯等国再次向裁军谈判会议提交更新版。在相关草案中，俄罗斯等国从功能、技术等多方面定义太空武器（"在太空的武器"），具体界定为"位于外空、基于任何物理原理，经

---

① 何奇松、赵雅丹：《俄罗斯的太空安全观》，《军事历史研究》2008年第4期，第122—128页。

专门制造或改造，用来消灭、损害或干扰在外空、地球上或大气层物体的正常功能，以及用来消灭人口和对人类至关重要的生物圈组成部分或对其造成损害的任何装置"。然而，在国际社会中，这一定义并未得到广泛认可。但在美国政府看来，这样的定义显然是在针对美国弹道导弹防御系统，并指责这一定义是为了让俄罗斯等国更好地发展自己的地基、海基、空军反卫星武器。美俄双方及各自支持国对太空武器的概念界定难以达成共识，致使太空武器发展难以被限制[1]。

后来，俄罗斯期望以本国率先做出"不首先在太空部署武器"等一系列行为来获取美国等的支持，以达到维护太空和平安全的目的。2005年以来，俄罗斯多次在联合国大会上提出有关在太空建立无法律约束和自愿的透明以及建立信任措施的倡议，积极倡导"不首先在太空放置武器"。

其实在2004年，俄罗斯就曾在联合国大会上宣布不会首先在太空部署进攻性武器，也希望各国共同参与。2016年，俄罗斯等国将"不首先在太空部署武器"决议草案提交联合国大会审查。此后，该决议每年都会在联合国大会上提出，并进行投票表决。2019年，联合国大会正式通过该决议[2]。此外，俄罗斯也明确表明对太空军事冲突的反对。2014年，俄罗斯《军事学说》列出了俄罗斯阻止军事冲突方面的主要任务。其中涉及太空领域的任务首先强调了"反对个别国家（国家集团）试图通过部署战略导弹防御系统、在外层空间部署武器以及部署战略性非核高精度武器系统获得军事优势"以及"缔结一项防止在外层空间部署任何类型武器的国际条约"等对于参与国际博弈的预期，同时也提出了"加强俄罗斯联邦在监测近地空间物体和事件方面能力"的国内发展目标[3]。

---

① 兰顺正：《"军事化"和"武器化"——太空安全核心挑战》，《世界知识》2021年第20期，第18—21页。
② 戚大伟：《俄罗斯太空安全政策探析》，《国防科技》2021年第6期，第10—14页。
③ 《军事学说》（俄文版），格兰纳特法律服务网，2014年12月，https://base.garant.ru/70830556/？。

2. 空天一体防御

空天一体防御，是指将航空与航天成分、结构、技术有机联结，形成完整、高效的空天防御体系。

从冷战期间美国提出的"星球大战"计划开始，到近些年美国发展迅猛的先进高超声速武器、弹道导弹和空天飞机等新技术，都对俄罗斯空天安全产生了日益严重的威胁，促使俄罗斯不得不加大对太空防御体系的重视，并将美国对其空天领域的威胁视作极其严峻的军事威胁之一。于是，俄罗斯产生了设置空天一体防御体系、以"非对称性手段"防御美国的想法，并在 2015 年正式成立空天军。

为维护俄罗斯国家安全而产生的空天防御，就是指在国家防御层面上，当别国使用太空武器威胁本国时，可利用海空天的防御力量来回击这些太空武器的作战行动，涉及防空、反导、反临、反卫等多方面内容及军事、航天等众多领域。空天军在空天防御的作战中至关重要。

俄罗斯以构建空天防御体系保障太空安全的想法于 20 世纪便已萌生。1961 年，苏联设立空间防御司令部，直属最高统帅部。1972 年，苏联开始部署由防空军指挥的 A－135 战略反导系统。1992 年，俄罗斯继承接受苏联的众多军事遗产，率先在全球建立"军事航天部队"，主要负责航天发射、测控及反导、反卫星和卫星防御的指挥控制工作。1997 年，俄罗斯将军事航天部队和防空军中的导弹太空防御指挥部合并到战略火箭军中。四年后，又将其中的军事航天力量和太空导弹防御力量抽离出来，重新组建"航天兵"。2008 年，陆军防空力量中的一部分被划分到空军中。一年后，俄空军将空防集团军建制撤销，成立"空防司令部"，该部下辖前线航空兵部队和空天防御旅。2011 年 12 月，在原航天军、空天防御战役战略司令部的基础上，"空天防御兵"成功设立。2014 年 12 月 1 日，空天防御旅又恢复到防空师体制。2015 年 1 月，空天军成立工作正式启动，俄罗斯空军和空天防御兵开始合并调整，6 月空天军基本组建完成，8 月开始正式接收任务，响应空天防御战略。①

三、"非对称性反击"反导技术

俄罗斯所采取的"非对称性反击"体现在技术研发上的不对称性。譬如，美国军队十分依赖天基太空监视系统，将太空态势感知能力的构建作为空间对抗准备的重要发展方向，而俄罗斯则有针对性地重点研制反导系统，在"非对称性反击"美国时效果甚佳。俄罗斯的反导系统由三个部分组成，即反导预警系统、反导拦截系统和反导指挥控制系统。

（一）反导预警系统

反导预警系统，由天基预警卫星和陆基远程预警雷达组成。天基预警卫星在发现并明确导弹活动后，将信号传送到地面的雷达站，再由陆基远程预警雷达追踪导弹行进轨迹、计算其运行方向，再基于目标的信息来精确追踪和识别。目前，俄罗斯正在打造天基、陆基结合的双层反导预警系统。这样的双层反导预警系统具有对除南极圈以外的全球弹道导弹发射探测能力及本土全方位覆盖能力。其中天基预警卫星主要是第三代"统一太空系统"（EKS）预警卫星，陆基远程预警雷达主要包括第二代"第聂伯河"、第三代"达里亚尔"、第四代"沃罗涅日"。

从苏联到现在的俄罗斯，共有三代天基预警卫星，即"眼睛"系列、"预报"系列和"苔原"系列。"眼睛"和"预报"两代已基本退役，俄罗斯正在全力打造以"苔原"卫星为主的 EKS 预警卫星②。从 2000 年开始研发，到 2015 年，EKS 预警卫星才成功发射第一颗。又过了 6 年，2021 年俄罗斯完成了卫星群的部署和组网运行。俄罗斯计划在 2024 年之前实现 10 颗 EKS 卫星星座组网，在部署成功后为其

---

① 董长军：《俄罗斯正式成立空天军》，《现代军事》2016 年第 2 期，第 90—94 页。
② 赵荣、张显：《俄罗斯导弹预警卫星系统最新发展》，《国际太空》2020 年第 3 期，第 41—46 页。

正式命名"穹顶"系统。"穹顶"能使俄罗斯具备全球导弹预警能力，即时捕捉美国太空动态。

俄罗斯陆基远程预警雷达发展了四代，第一代"德涅斯特河"已经退役，第二代"第聂伯河"和第三代"达里亚尔"所剩不多，现在主要依靠和发展第四代的"沃罗涅日"雷达。俄罗斯计划在2024年将陆基反导预警雷达全面更新换代。"沃罗涅日"雷达的战略预警系统全面部署成功后，就能实现国土边境的全面覆盖。

（二）反导拦截系统

俄罗斯反导拦截系统由战略和非战略反导拦截系统组成，战略反导拦截系统用于防御洲际弹道导弹和潜射弹道导弹，非战略反导拦截系统用于防御战役战术弹道导弹和战术弹道导弹，也称防空反导系统。目前，俄罗斯的战略和非战略反导拦截系统的融合，能提升空天防御能力。

战略反导拦截系统有第二代的A-135"阿穆尔"和第三代A-235"努多利"，具备极强的反导弹、反太空能力。

非战略反导拦截系统有S-300"安泰"、S-350"勇士"、S-400"凯旋"以及刚正式投入量产的S-500和备受热议的S-550。其中S-500"普罗米修斯"是俄罗斯最新也是最先进的反导系统，兼具打击太空目标、远程防空、战略反导、战术反导、拦截高超声速目标的能力。S-550则充满了神秘感，据说正在研发中，但也有俄罗斯媒体表示该系统早已研发完成并已开始运用[1]。总之，这些系统都为俄罗斯筑起了坚实的空天防御系统，有助于维护俄罗斯的国家太空安全。

（三）反导指挥控制系统

俄罗斯反导指挥控制系统由战略和非战略两个独立的反导指挥控制系统组成。战略反导指挥控制系统主要有3个指挥子系统，即

---

[1] 杨慧君：《S-550：未来俄罗斯空天防御的中坚力量》，《太空探索》2023年第4期，第62—66页。

A－135系统的5K80指挥系统、反导预警指挥系统和太空监视指挥系统。当反导预警指挥中心接收其下辖反导预警卫星分指挥中心、预警雷达分指挥中心及太空监视中心的信息，将信息汇集后上报；A－135反导系统接收来自反导预警指挥中心及太空监视中心的目标信息，指挥子系统交换数据、共同协作。A－235系统在A－135系统上做出改进。

S－300和S－400属于非战略反导指挥控制系统。指挥所从空防司令部指挥所接收到预警信息和拦截指令，再用搜索雷达截获并跟踪目标，后判断、发送及下达拦截指令；各火力单元在发射拦截弹后，制导雷达负责评估拦截效果，并向指挥所反馈；指挥所再决定是否继续发射导弹来拦截。最新的S－500系统的指挥系统则分为反导和防空2个相对独立的部分①。

第三节　欧盟与集体太空安全

一、20世纪下半叶太空事务合作

1961年，在意大利科学家埃多拉多·阿马尔迪与法国科学家皮埃尔·俄歇的推动之下，欧洲部分科学家及科学管理者成立"太空研究筹备委员会"。次年，在该委员会的促进下，比利时、丹麦、法国、联邦德国、英国等10个国家作为创始成员国，签订《欧洲空间研究组织公约》。该公约于1964年生效，这标志着欧洲空间研究组织正式成立。该组织以会员国代表团组成的理事会为最高决策机构，下设有欧洲空间研究与技术中心、欧洲空间研究组织实验室等研究单位，并配有欧洲航天研究试验场、欧洲太空跟踪站网络和空间数据中心等设施。20世纪60年代以来，欧洲空间研究组织开

---

① 王芳、夏牟、陈亮：《俄罗斯反导系统的发展现状》，《航天电子对抗》2022年第2期，第53—58页。

展了天体探测卫星、阿丽亚娜运载火箭以及欧洲通信卫星等项目的研发活动。1975 年，欧洲空间研究组织研制的 COS－B 天文观测卫星发射升空，这是该组织首颗成功发射的科学卫星。在服役的 7 年间，COS－B 天文观测卫星收集了大量宇宙伽马射线的科学数据，发现了 25 个伽马射线点源并检测到首颗辐射伽马射线的活跃天体，推进了天文学界对于伽马射线的研究。

与欧洲空间研究组织成立同期，英国、法国、比利时等 6 国为合作研发欧洲卫星运载火箭，亦于 1962 年成立欧洲运载火箭研制组织。1962 年该组织提出共同研发"埃尔多－A"火箭（ELDO－A），后更名为"欧罗巴号"火箭的计划，并进行了 10 次发射。不过，"欧罗巴号"火箭开发计划并不成功，1970 年该项目原计划的 F－12 发射被推迟，同年项目审查后，该项目最终被放弃。1975 年 5 月 30 日，欧洲空间研究组织与欧洲运载火箭研制组织合并，两组织共 10 个创始成员国签署公约成立欧洲航天局。

自 20 世纪 70 年代起，欧洲共同体（简称欧共体）逐渐注意到太空安全的重要性，并实质性地参与到欧洲太空事务之中。1979 年，欧洲议会通过欧共体参与太空研究的第一项决议，迈出其同欧洲航天局合作制定和执行太空项目的第一步。20 世纪 80 年代起，欧共体陆续启动了欧洲地球静止导航重叠服务、伽利略定位系统与"哥白尼"计划三个重点欧洲太空合作项目，而这也是当前欧盟各成员国太空领域技术与安全合作的项目基础与重点任务。

二、欧盟共同外交与安全政策的形成

20 世纪 80 年代末 90 年代初，国际形势骤变。在欧洲，柏林墙倒塌、德国统一、东欧剧变、苏联解体，冷战的结束与中东欧地区的冲突，为欧共体的安全和发展提出了新的挑战。两极化的国际格局不复存在，对于美国，欧洲的独立性增强，欧共体作为其时总体经济实力最强的经济实体，意欲在多极化发展的国际政治舞台上扮演更为重要的角色。此种情势下，1991 年召开的欧共体第 46 届首脑会议上，原欧共体 12 个成员国签署包含《欧洲经济与货币联盟条约》与《政治联盟条约》两部分的《欧洲联盟条约》（又称《马斯特里赫特条约》，简称《马约》），欧共体由此发展为欧盟。其中，《政治联盟条约》部分改革进一步发展了 20 世纪 60 年代末 70 年代初开创的欧洲政治合作机制，欧盟成员国"决心实施一项共同外交与政策，包括最终制定一项可适时走向共同防务的共同防务政策，藉此增强欧洲的同一性和独立性，促进欧洲和世界的和平、安全与进步"。从此，建立欧盟共同的外交、防务政策与欧共体事务、司法、民政事务并列成为欧盟的三大支柱。

1997 年 10 月，原欧共体 12 国与 1995 年新加入欧盟的奥地利、瑞典、芬兰 3 国共同签订《阿姆斯特丹条约》（简称《阿约》）。这一条约进一步修订、丰富了《欧洲联盟条约》中有关欧盟推行"共同的外交与安全政策"的条款，以更具深度的"逐步形成一项可走向共同防务的共同防务政策"取代《马约》中"适时走向共同防务的共同防务政策"的表述，并进一步明确了实现共同外交与安全政策的手段，即"确定共同外交与安全政策的原则和总指导方针""决定共同战略""采取联合行动""采取共同立场"以及"加强成员国之间在执行政策上的系统性合作"。

此后，罗马尼亚、保加利亚以及以波兰为代表的东欧 10 国陆续加入欧盟。在欧盟整合及东扩的新形势下，2007 年 10 月 19 日，于西班牙里斯本召开的欧盟非正式首脑会议通过《里斯本条约》，这一条约提高了欧盟共同外交与安全政策的一致性、有效性与连贯性，加强了欧盟在国际舞台上的行动力与代表性。《里斯本条约》第 47 条赋予欧盟以法律人格，这使得欧盟成为国际舞台中的真正实体。《里斯本条约》第 24 条则明确了欧盟在对外关系领域的权能——欧盟能涵盖对外政策领域和有关欧盟安全的所有问题，包括逐步发展共同防务政策。在决策规则方面，共同外交与安全政策需由欧洲理事会和欧盟理事会以全体一致方式做出决策，不过《里斯本条约》中亦制定了一些灵活性条款，例如在共同防务领域中决策规则上的多数表决机制以及在表决程序上允许成员国书面建设性弃权等。此外，在组织架构上，为简化程序、提高决策效率，《里斯本条约》设立"欧盟外交和安全政策高级代表"，兼任"欧盟委员会副主席"，全面负责欧盟对外政策，并新设欧洲对外行动署协助其工作。

2023 年 5 月，比利时、法国、德国等欧盟成员国再度呼吁修改《里斯本条约》中有关共同外交与安全政策的决策机制，用更高效的多数表决制取代全体一致方式，以此提高欧盟的决策效率，更好地推进欧盟防务自主与防务一体化。如若这一倡议能够得以实现，那么欧盟在太空安全与防务领域的集体合作亦将得以进一步深化。

三、太空自主与防务一体化

冷战结束后，美国、苏联领衔的"两大阵营"瓦解，越来越多国家参与到太空开发之中，而太空及相关技术也成为权力政治角逐的重要领域之一。在各国竞争之下，频轨资源紧张、太空碎片增多、太空军事化等太空安全问题日益凸显，且逐渐成为国家安全的重要议题。至 2010 年末，太空更是被许多国家视为新的作战领域。因此，在欧洲，欧盟各成员国在共同外交与安全的框架之下，制定、推行以及发展共同的太空政策与安全战略，开展集体协作，对于维护欧盟及其成员国安全有着极高的战略价值。

（一）2000 年至 2010 年：共同提升技术能力，合力发展太空产业

2000 年，欧盟委员会与欧洲航天局共同制定了第一份联合太空战略，提出支持太空基础研发与产业能力提升、发展太空科学研究以及重视以需求为导向的太空技术开发的三大战略目标。2003 年，欧盟与欧洲空间局为实现更好的合作、推动欧洲共同太空政策发展，达成一项框架协议，结成战略伙伴关系。为落实双方合作，欧盟—欧洲空间局框架协议还下设太空理事会、联合秘书处以及高级别太空政策小组。双方分别于 2004 年、2005 年的太空理事会议上明确太空发展目标并厘清双方在欧洲太空政策中的职责。

2007 年，欧盟委员会公布新的欧洲太空政策，其中强调太空是欧洲可持续发展战略的重要组成，与欧盟共同外交与安全政策密切相关。该政策强调欧洲当在可承受条件下维持独立、可靠、经济地进入太空的能力，应当确保欧洲技术能力的持续发展与协调，追求欧洲在运载器领域的长期竞争力，维持并增加在商业市场中的份额。为此，欧盟与欧洲空间局将共同开展"哥白尼"计划和伽利略定位系统等面向用户的大型项目，支持欧洲太空技术相关中小企业及供应商对于创新以及新的市场机遇的探索。

欧盟委员会认为太空具有重要的政治意义，并认识到欧洲整体太空产业发展水平不高的缺陷。为促进太空产业发展，欧盟委员会于 2010 年 10 月提出欧盟太空产业方案，经欧洲理事会、欧洲议会等机构两年多的讨论，欧盟太空产业政策最终于 2013 年初正式通过。该政策共设置五项目标，分别为建立连贯和稳定的监管框架，发展有竞争力的、稳固的、高效的和均衡的太空工业基础并支持中小企业参与，提升欧盟太空产业的全球竞争力，开发太空应用和太空服务市场以及确保欧盟太空技术独立与进入太空的自主性。这一政策的提出对于扩大欧盟太空政策辐射力与影响力具有重要的意义。

（二）2010 年至 2020 年：提高战略自主性，合作维护太空安全

2010 年太空理事会提请欧盟、欧洲航天局及其成员国进一步制定一项总体性的太空战略，并于 2016 年正式公布。在新的《欧洲太空战略》中欧盟、欧洲空间局及其成员国共同制定了欧盟太空战略的四大目标：第一，最大化太空在欧盟社会和经济发展中的价值；第二，培育欧洲太空部门的全球竞争力和创新力；第三，加强欧洲在安全环境下进入和使用太空的自主性；第四，加强欧洲作为全球行动者的角色并促进国际合作，希望由此增强欧洲在太空领域的领导地位，并提高其在国际航天市场上的份额。为实现上述目标，欧盟计划更多地向在单一市场内设立和扩大规模的航天企业家提供资助，并支持在欧洲地区形成欧盟的航天工业中心和集群。①

2018 年欧盟委员会计划增加对太空领域的投入。6 月，欧盟委员会建议在欧盟 2021 年至 2027 年的下一个长期预算中投资 160 亿欧元来维持并进一步提升太空领域的领先优势。这一预算相比于 2014 年至 2020 年的太空事务拨款增加了 3 亿欧元。欧盟计划将预算中的 97 亿欧元用于"伽利略"计划和欧洲近地导航覆盖服务项目，继续完成整个卫星集群的建设与运营，并开发高精度信号，提供导航服务，提升在卫星导航服务市场中的份额。另外 58 亿欧元则将用于"哥白尼"计划，完成如二氧化碳监测等新使命，并维持欧盟在高质量环境监测、应急管理和边境与海上救援等方面的自主性和领导地位。其余的 5 亿欧元将用于太空态势感知系统和政府间卫星通信服务项目这两个新项目的开发。

新冠疫情的出现、俄乌冲突的爆发，迫使欧盟重新检视其防务与科技议题。2022 年 3 月 21 日，在俄乌冲突爆发的背景下，欧盟公布了名为"战略指南针"的行动计划，以"让欧盟成为更强大、更有能力的安全提供者"。欧盟将在 2030 年前增强其安全与防务政策，为此，其计划从提升行动能力、强化防御体系、加大建设投入、加强伙伴合作四个方面展开。在太空领域，欧盟计划出台新的"欧盟太空安全与防务战略"，增加其对太空的投入，加快研发太空防御武器，提高欧盟在太空这一新作战领域的防御能力。②

事实上，在"战略指南针"计划公布前，为发展其太空力量，欧盟便曾发布两项新计划：一是投资 60 亿欧元建设名为"布雷东星座"计划的欧洲独立的太空互联星座；二是尽快出台"太空交通规则"，引领太空领域规则制定。"布雷东星座"计划由欧盟委员会负责内部

---

① "Communication from the Commission to the European Parliament, The Council, The European Economic and Social Committee and the Committee of the Regions Space Strategy for Europe", EUR - Lex - 52016DC0705 - EN, Jun. 21 2016, https://eur - lex. europa. eu/legal - content/EN/TXT/? uri = COM%3A2016%3A705%3AFIN.

② "A Strategic Compass for Security and Defence", https://www. eeas. europa. eu/eeas/strategic - compass - security - and - defence - 1_en.

市场的委员蒂埃里·布雷东所发起，其目标是增强卫星通信数据加密技术，确保政府通信在出现网络攻击或地面光纤饱和的情况下不会瘫痪。至于起草"太空交通规则"，则是服务于欧盟在现阶段太空拥挤、太空碎片增多的背景下，抢占制定太空规则的话语权以及发展其太空卫星互联网的需要。

时至2023年，不少欧洲政客宣称，欧洲的"天真时代"已过，欧盟将捍卫自身的战略利益。在"战略指南针"计划公布的一年后，2023年3月10日，欧盟正式发布了《欧盟太空安全与防务战略》（简称《战略》），以回应将空间确定为战略指南针中的一个战略领域。欧盟外交与安全政策高级代表兼欧盟委员会副主席何塞普·博雷尔在提及该战略时表示，这是欧盟"首次提出一项战略，以将欧盟各国的所有手段集中在一起，保护欧盟的空间资产，并确保每个人都能从空间服务中受益"。《战略》指出，当前太空权力竞争日趋激烈，太空威胁日益加剧，欧盟要采取行动保护其太空资产，捍卫其利益，遏制太空敌对活动，并加强其战略态势和自主性。因此，《战略》建议采取行动加强对欧盟太空系统和服务的复原力和保护，并从法律框架、信息共享、技术主权这三个方面，提出四项措施：其一，考虑提出一项《欧盟空间法》，为确保欧盟在太空安保、安全和可持续性采取一致办法提供一个共同框架；其二，设立信息共享和分析中心，以提高商业实体和相关公共实体对空间能力复原措施的认识，并促进其交流最佳办法；其三，为确保欧盟长期自主进入空间，特别是满足安全和防卫需求，而启动相关筹备工作；其四，与欧洲防务局和欧洲空间局密切协调，通过减少战略依赖和确保太空与国防供应安全，加强欧盟的技术主权。此外，《战略》还计划启动两个试点项目：一为根据成员国的能力，提供初步的太空领域感知服务；二是尝试提供新的地球观测的政府服务，作为"哥白尼"计划的一部分以及对现有欧盟太空资产的补充。① 4 月，欧盟执委会防卫工业暨太空总署的太空事务副总署长埃维·帕潘托尼乌在布拉格举办的欧洲太空会议上指出，维护欧洲出入太空自主权，不依赖第三国才能确保欧洲卫星发射与营运可靠度及永续性。

总体而言，21 世纪以来，发展欧洲太空产业、强化欧盟太空场域韧性与减低欧盟对外依赖，推进欧洲太空防务自主，共同谋求集体太空安全，始终是欧盟在太空领域发展的重点与战略目标。

四、各行其是：欧盟集体太空安全进程的阻力

欧盟寻求减少太空政策对他国的依赖性，寻求太空防务自主与一体化之路并非一帆风顺。

2020 年，欧洲太空开发的重要参与者英国正式宣布退出欧盟。英国的"脱欧"之举，就太空合作而言，或意味着欧盟太空项目的投资减少。2018 年，英国政府在思考"脱欧"之时，便曾考虑退出"伽利略"计划与"哥白尼"计划。其时，欧盟委员会为制裁英国的"脱欧"行动，拒绝批准英国参与研发"伽利略"的安全系统，且在英国"脱欧"后禁止其将"伽利略"卫星系统用于军事目的。英国为反击，决定收回其在过去为"伽利略"计划投入的 12 亿欧元资金，与其为"哥白尼"计划投入的 7 亿欧元资金，并进一步索要赔偿。

而在欧盟内部，受历史、地理等因素影响，各成员国对于太空安全的认识也并非全然一致。地处波罗的海的波兰、丹麦等欧盟成员国坚信美国在制约俄罗斯、维护欧洲安全上拥有强大力量，坚持欧盟共同防务建设"不能以削弱北约为代价"。在 2022 年发布的"战略指南针"计划中，美国也依然被视为欧盟"最坚定、最重要的战略伙伴"，仍强调美国对欧洲安全的重要性。而美国为避免欧盟自立门户、

---

① "EU Space Strategy for Security and Defence for a Stronger and More Resilient European Union", https：//defence－industry－space. ec. europa. eu/eu－space－policy/eu－space－strategy－security－and－defence_en.

脱离北约，也警惕欧盟所谋求的太空防务自主，一旦欧盟有明显自主行动，或将引来美国的关注和反对。由此可见，欧盟的太空安全与防务若要完全摆脱美国及其主导的北约太空安全政策的掣肘，仍有困难。此外，当前积极倡导欧洲防务自主的法德两国在太空领域也存在利益分歧与信任缺失。法国极力推崇发展"布雷东星座"太空互联网星座计划，但德国却忧虑该星座系统建成或将对法国军事过于有利，故而更为积极地主张推动发展"哥白尼"计划。① 因此，欧盟若欲真正实现共同太空安全与防务，还需冲破美国的外部干扰与其内部成员政策利益分歧所带来的重重阻力。

第四节　日本的宇宙作战部队

一、日本太空战略转变

（一）太空政策"松绑"与军事化

日本是世界上最早开始太空探索与开发的国家之一，几乎与美苏同时起步。1955 年 3 月 12 日，东京大学工学博士系川英夫将一枚仅长 23 厘米、重 200 克左右的小火箭发射升空，这枚小火箭被形象地命名为"铅笔"，是日本航天事业之始。8 月，秋田火箭测试中心成立。自 1956 年起，系川英夫及其同事在此研发"卡帕"系列火箭，其中 K-1 火箭达到了 5 千米高度，K-6 成功达到平流层范围，完成了对地球高层大气的一系列测算任务。1960 年 K-8 火箭成功发射，超过了卡门线②，抵达太空边缘。1964 年，日本成立宇宙科学研究所，开始研发以入轨为目标的拉姆达系列火箭。1970 年 2 月 11 日，日本的"大隅号"卫星由 L-4S 火箭 5 号机运载升空，日本成为继苏

---

① 方晓志：《欧盟新太空计划阻力重重》，《中国国防报》2022 年 2 月 23 日。
② 卡门线是由国际记录机构 FAI 设定的地球大气层和外层空间之间的拟议常规边界，高度为 100 千米，以西奥多·冯·卡门命名（Theodore von Kármán）。

联、美国、法国后第四个太空国家。

受到《旧金山条约》和《美日安保条约》的严格限制，早期日本太空战略以和平化、非军事化为主。如 1969 年日本批准的《外层空间条约》和颁布的《关于本国开发和利用宇宙的基本原则决议》，均将太空开发限定在和平目标之下。但至冷战后期，在自身经济实现腾飞、技术实力增强背景下，该"和平"目标出现松动，日本自卫队开始尝试利用日本通信卫星和美国军事通信卫星，但受到当时的国会反对。1998 年朝鲜试射导弹，由于未收到美方警报，在日本国内引起了恐慌，该事件也成为日本研发、利用侦察卫星的转机。为了避免与此前的《关于本国开发和利用宇宙的基本原则决议》产生冲突，政府借机提出了"情报搜集卫星"计划，没有使用侦察卫星这一称呼。

此后，日本太空政策军事化发展的趋势越来越明显。2008 年通过的《宇宙基本法》开启了日本太空政策进一步突破重重限制的新阶段，该法规定："国家应采取必要措施，确保国际社会的和平与安全，促进有助于日本安全的空间的开发利用。"[1] 以《宇宙基本法》为基础，日本开始定期制订并更新作为国家航天战略计划的《宇宙基本计划》及工程表。第一份《宇宙基本计划》发布于 2009 年，是一个 5 年计划，包含计划基本方针、综合性措施、推进政策、目标等各方面，该计划规定，以日本受到威胁为前提，自卫队可动用武力进行反击，即"专守防卫"原则[2]。

为促进太空军事化利用，日本成立专门机构整合利用太空资源。2003 年 10 月 1 日，负责空间与行星研究的日本宇宙科学研究所、负责航空航天研究的日本国家航空航天实验室、负责火箭与卫星开发的宇宙开发事业团合并成立独立机构"日本宇宙航空研究开发机构"。2012 年，国会通过修正案删改了 2002 年通过的《独立日本航天航空

---

① 「宇宙基本計画（平成 21 年 6 月 2 日）宇宙開発戦略本部決定」、https：//www8. cao. go. jp/space/pdf/keikaku/keikaku_honbun. pdf。

② 王谦、李苏军、丰松江：《浅析日本太空安全战略》，《国防科技》2021 年第 6 期，第 22 页。

探索机构法律》中"只限于和平目的"的表述，新的立法将 JAXA 的职权范围从和平目的扩大到包括部分军事太空开发职权，如导弹预警系统。2013 年，JAXA 为纪念成立 10 周年，提出了"探索实现"的企业口号，并在 2015 年成为国家研究与开发机构。JAXA 作为日本最主要的宇宙科研机构，进行了月球、星际探索、天文学观测、卫星发射运行、地球监测等多种任务，也顺理成章承担起"国家安全"责任。

2012 年 12 月，安倍内阁二次上台后，对日本太空政策进行了较大调整，极力突出"国家安全"重要性，并以此为由启动多项军事技术、产业发展与国际合作计划。2013 年 1 月 25 日，安倍内阁公布新版《宇宙基本计划》作为未来 10 年的长期计划。其以对国内外政治经济形势的忧虑为由，提出"扩大空间利用"和"确保自主性"两大基本原则，强调发展卫星技术，强化在太空中收集情报、进行监控预警、提供军事通信保障等能力，建立有效的太空态势感知体系，并积极推动与美国的太空安全合作。① 2015 年，安倍内阁发布了第二版《宇宙基本计划》，该计划强调太空安全保障，以"科学技术、产业振兴、安全保障"为三大支柱，从侧重研发朝重视利用的宇宙战略转向②。2016 年，第三版《宇宙基本计划》发布，该计划同样要求"确保宇宙空间稳定利用"，强化安全保障能力和美日同盟③。2020 年，安倍内阁发布了第四版《宇宙基本计划》，将确保太空安全放在首位，提出完善卫星监听、情报收集、导弹防御等系统，构筑宇宙区域把握体系（SDA）④。

---

① 「宇宙基本計画（平成 25 年 1 月 25 日）宇宙開発戦略本部決定」、https：// www8. cao. go. jp/space/plan/plan. pdf。

② 「宇宙基本計画（平成 27 年 1 月 9 日）宇宙開発戦略本部決定」、https：// www8. cao. go. jp/space/plan/plan2/plan2. pdf。

③ 「宇宙基本計画（平成 28 年 4 月 1 日）閣議決定」、https：//www8. cao. go. jp/ space/plan/plan3/plan3. pdf。

④ 「宇宙基本計画（令和 5 年 6 月 13 日）宇宙開発戦略本部決定、閣議決定」、ht-tps：//www8. cao. go. jp/space/plan/plan2/kaitei_fy05/honbun_fy05. pdf。

安倍内阁时期对宇宙政策规划的详细缜密程度有甚于以往历届内阁，自从在《宇宙基本法》中规定太空资产服务于国家安全，太空"和平利用"的概念被重新解释——从"非军事"转变为"非侵略"。这一概念转变为太空军事化利用提供了合理性，政府借机为日本军事航天步步"松绑"，进行太空军事布局，已对周边国家及世界太空安全构成威胁。①

（二）航天产业

自日本政府制定《宇宙基本法》和《宇宙基本计划》以来，日本航天产业经历了一次全面改革，逐渐形成以大学、科研院所、企业为基础的军民结合综合产业体系。该体系由宇宙战略开发本部主导，统筹防卫省、文部科学省、经济产业省、国土交通省等政府机构的航天政策，并由日本宇宙航空研究开发机构负责具体事务，对日本航天产业发展起到巨大促进作用。

航天产业的发展使得早期日本航天对美国技术的依赖性逐渐降低，本土产业技术提升，尖端技术获得突破性进展，日本航天产业在世界范围更具竞争力，进而向海外输出技术与装备，成为新时代经济发展的关键点。同时，日本航天产业进步也为其太空政策整体军事化的大方向提供支撑。20世纪末，日本首次制造发射了两颗侦察卫星，分别搭载光学侦察与雷达侦察技术。2006年和2007年，日本再次分别发射两种侦察卫星，配合日本航空、陆上、海上自卫队建立的军事侦察系统，能够大范围监视周边国家的动向。运载火箭技术也得到了较大提升，如承担日本早年间大多数宇宙探索任务的固体火箭Mu系列、使用美国技术的液体火箭N系列，以及后来的小型火箭SS-520和现在JAXA的常用火箭艾普斯龙系列。随着运力与精度的提升，其中部分型号稍事改动，即可成为各类弹道导弹。航天技术的发展，对日本太空军事化有着明显效果。

---

① 王谦、李苏军、丰松江：《浅析日本太空安全战略》，《国防科技》2021年第6期，第24页。

（三）美日同盟

在国际合作层面，日本的太空战略分为两大板块：日美合作，日本与其他"友好国家"合作，即"日美协作与合作，加上欧洲、澳大利亚、印度、东盟等，根据日本的安全保障政策进行整合"，"在广泛领域内努力加强信任与合作关系，在太空领域与各国构建多重国际合作关系"。① 日美合作尤其占据重要地位。

日美在军事上的同盟始于1951年签订的《旧金山条约》和1952年签订的《美日安保条约》，由此美国结束了对日本的军事占领状态，日本收回经济主权，但完全放弃了安全主权，使得先前的军事占领转化为长期的"军事同盟"关系。从冷战时期开始，美国就将日本视为其亚太战略的关键，是军事阵地前沿和抵挡共产主义"渗透"的防线。1954年两国签订《日本与美国共同防御援助协定》，1960年修订《美日安保条约》，并于1978年、1997年和2015年发布《美日防卫合作指针》。

美日军事同盟在太空领域主要落实在五个方面：日美太空全面对话、日美太空安全保障、太空态势感知体系合作、海洋感知体系合作以及利用太空监视系统监视海洋②。日美两国已经进行了多轮全面对话，日本航空、陆上、海上自卫队与美军的合作趋向深化。

2018年6月18日，美国总统特朗普在对国家空间委员会的讲话中宣布了一项指令，要求建立美国武装部队的第六个分支，创建一个独立于美国空军之外的"太空部队"。副总统迈克·彭斯宣布将在2020年前组建太空部队，空军部长芭芭拉·巴雷特批准，将部分空军转移到太空部队，成立太空作战司令部。2019年12月20日，太空军作为美国第六军种正式成立，约翰·雷蒙德将军成为第一任太空作战部长。该部队的职责是确保美国具有在太空中长期、快速进行自由行

---

① 李秀石：《论日本太空战略与日美拓展"同盟对接"》，《日本学刊》2016年第5期，第54页。

② 李秀石：《论日本太空战略与日美拓展"同盟对接"》，《日本学刊》2016年第5期，第57页。

动的能力，保护美国太空利益，防止来自太空的袭击。

美国太空军标志是由箭头、地球、宇宙轨道和一颗星组成的，该标志起先被质疑与《星际迷航》有"借鉴"关系，后来美国军方做出解释：银色的三角形外框意为保护和防御，黑色表示深空，三角形内部上方的两个箭头代表发射的火箭，中下方的四角星则是北极星，两侧由阴影区分的四个面则代表海陆空三军和海军陆战队。同时美国太空军还公布了全新座右铭"Semper Supra"，来自拉丁语，意为"永远向上"。

美国太空军公布标志后不久，日本宇宙作战部队也公布了军旗和标志，在设计上可谓"一脉相承"。无论是建立时机还是建制体系，日本宇宙作战部队都与美国太空军如出一辙。该部队的成立，本质上是美日军事同盟在太空领域的拓展和具象化，也是日本国家太空战略规划大势所趋。

二、宇宙作战部队

2020 年 5 月 18 日，日本自卫队第一支太空部队的落成典礼在东京防卫省举行，该部队名为宇宙作战队。典礼上日本防卫大臣河野太郎表示，该部队的主要任务是监测太空碎片和可疑卫星，以防止日本卫星与之相撞。该部队专注于同 2019 年成立的美国太空司令部和日本宇宙航空研究开发机构的合作，并计划在 2023 年建立空间检测系统，在 2026 年发射一颗用于评估空间环境的卫星。河野表示："保持我们国家在新领域的优势很重要，必须迅速为监测太空做好准备。"[1]

（一）航空宇宙自卫队

日本的航空宇宙自卫队前身就是航空自卫队。宇宙作战部队隶属于日本航空自卫队，虽是以警备名义成立的自卫队，但装备精

---

[1] "Japan Launches New Squadron to Step up Defense in Outer Space", https://www.japantimes.co.jp/news/2020/05/18/national/sdf – launches – space – operations – unit.

良，人员训练有素，功能与其他国家空军有所重叠，常被视为"日本的空军"。

二战后，日本军备重建，航空自卫队在美军协助下以前日本陆军飞行中队人员为基础新建。1951 年春，警察预备队决定引进 L 型飞机"L-5"，该机被美国陆军用于通信、侦察和轰炸观察。为此，滨松南基地开始航空学校的筹建和飞行训练的准备工作。1952 年10 月 15 日，警察预备队改组为保安队，并在滨松设立航空学校。1954 年 7 月 1 日，防卫厅成立，组建海陆空三支自卫队。航空自卫队成立，编制 6738 人，前保安厅官房长上村健太郎被任命为第一任航空自卫队参谋长。

航空自卫队自成立至 20 世纪 70 年代末经历了 4 次防卫力整备计划、1 次中期评估和 3 次中期防卫力整备计划，不断扩充人员装备，引进先进设施并提升现代化水平。航空自卫队在和平时代的主要任务是消除可能侵犯领空的空域威胁，以美日同盟为基础加强与美国合作，增强安保能力。为此日本建立了防空识别区并安装 28 处雷达，提供识别和预警服务。紧急情况下，航空自卫队可进行反击，形成对陆上自卫队和海上自卫队的支援。

2022 年 12 月，日本航空自卫队正式更名为"航空宇宙自卫队"。

（二）宇宙作战队

2019 年 12 月 20 日，日本防务省公布的预算中首次出现了航空自卫队新编"宇宙作战队"的相关经费。2020 年 1 月 23 日，包含新编"宇宙作战队"等内容的防卫省设置法修正案在第 201 届定期国会上被提出，并于 4 月 17 日通过。2020 年 5 月 8 日，该部队名称正式确定为"宇宙作战队"。宇宙作战队于 2020 年 5 月 18 日在府中基地成立，初期编制约 20 人，计划在将来扩大到 100 人规模。

（三）宇宙作战群

宇宙作战群成立于 2022 年 3 月 17 日，以群司令为指挥官，由支持指挥官的群本部、负责宇宙作战指挥控制的宇宙作战指挥所运用队以及负责宇宙状况监视的宇宙作战队组成。2023 年 3 月 16 日，在原府中基地的作战队改编为第一宇宙作战队的基础上，还设立由约 10 人组成的宇宙系统管理队，负责维护和管理相关装备，在航空自卫队防府北基地新设第二宇宙作战队。

宇宙作战群得到扩充，包括第二宇宙作战队在内，整个作战群增加到 120 人左右。此次改组中新任宇宙作战群司令官杉山公俊表示，宇宙空间作为社会、经济、科学领域的重要基础正在深入发展，安全保障领域中，各国军队在指挥通信、情报收集等诸多领域对宇宙的依赖程度也在飞速提高，一些国家为了获得本国的军事优势地位，正在开发卫星用攻击导弹、具有攻击卫星能力的杀伤卫星、干扰卫星通信的装置等，对宇宙空间的稳定利用构成威胁。此外，各国和民间企业的宇宙活动日益活跃，随着商用小型卫星正式运用，宇宙空间变得拥挤不堪，宇宙空间的"复杂化"也在急剧增加。对此，宇宙作战部队必然需要在"风险加剧"和"复杂化"的太空中保证卫星的情报收集、定位和预警等功能，增强综合防空导弹防御力、无人资产防御力、跨域作战能力，指挥、控制和情报相关功能以及机动部署和国民保障能力。他强调："宇宙作战群将牢记作为航空自卫队宇宙领域先锋的崇高使命感和自豪感，更加奋发努力。"[①]

第五节　印度的"大国太空梦"

一、基于威望的太空大国战略

在国际关系理论中，"威望"的概念有着丰富的含义。以汉斯·摩根索为代表的现实主义学派将威望的概念理解为威严和声望，威望所起的作用主要表现为"给他国造成这样一种印象，即某国确实拥有

---

① 「宇宙作戦群の概要」、群司令挨拶、https://www.mod.go.jp/asdf/ssa/second/guns-irei.html。

力量，或某国确信自己拥有力量，或者某国拥有想让他国相信的力量"[①]；以强调认同观念而著称的建构主义学派则把负载于国家行为体之上的威望界定为"那些削弱或者加强国家认同的事件和形象所造成的影响或产生的印象"[②]。但大致而言，"威望"总是包含平等诉求、荣誉渴望与位势追求这三个递增层级，而这一概念恰是理解印度太空事业发展的深层视角，也是洞悉印度太空战略的独特路径。

（一）重要动因：争取平等自主权

在国际政治中，虽然国家平等是国际社会的总体与普遍的价值标准，但事实上，国家间仍存在着权力与话语的等级差距。大国间同样有着这种级次差距，弱势或新兴大国自然而然会产生与顶级或既有强国平起平坐和得到平等对待的心理诉求。对于平等参与国际事务权利的追求，正是印度进行太空事业开发的重要动因。

古印度与中国、古埃及、古巴比伦被喻为"四大文明古国"。在千百年以来的历史长河中，印度古代的先民们曾在美丽富饶的印度河流域、恒河流域创造了绚丽多彩的古代印度文明。而当人类的历史进入工业化社会文明之后，受到西方列强殖民主义势力大举入侵的影响，印度在人类近代历史里受尽了屈辱。同时，长期以来被殖民的历史使印度难以得到西方世界的平等看待。印度迫切希望得到平等对待的权利与地位，而太空开发作为人类改造自然的高科技活动，是国家实力、国家品格与国家精神的对外投射，能够促使大国威望等级的"拉平"。因此，印度大力推进太空事业发展，以真正取得为国际社会平等相待的权利，积极树立国家的平等与独立形象。

印度太空事业起始于 1962 年，从探空火箭的研发起步。1962 年，印度成立国家太空研究委员会，负责制定有关太空发展规划，力争在运载火箭、卫星以及地面设施三个领域有所突破。1969 年，印度把太

---

① ［美］汉斯·摩根索著，徐昕译：《国家间政治：争取权力与和平的斗争》，中国人民公安大学出版社 1990 年版，第 106 页。

② 陈迎春：《威望外交：寻求权力与承认的政治》，《教学与研究》2013 年第 5 期，第 58 页。

空项目从核项目中分离出来，组建独立的印度空间研究组织，负责太空系统的研发。为便于太空事业的发展，印度政府还于 1972 年组建太空部，负责监督国家太空委员会规划的落实。从 20 世纪 80 年代开始，印度迈入独立自主的新太空发展道路，尝试自制运载火箭与卫星，并取得重大进展，逐渐摆脱对西方的技术依赖。从原本依托国际合作，引进、改造与合作开发，到现在更多地依靠自力更生，印度强调太空战略发展的自主性，努力提升太空领域的整体实力。在印度看来，依靠自己能力行事是自主性的体现，是印度大国地位的一种形式。实际上，在印度定义的平等权利方面，是相对大国群体进行比较，而非更为广泛的国际社会层面，印度盼望的是其他大国认可其地位的平等性。

目前，印度的综合国力和国际地位已得到明显提升，很大程度上改变了长期以来国际社会对印度的忽略和轻视。

（二）更高诉求：提升国家荣誉

荣誉追求关乎自我认识与他者看法，国家荣誉如同国之名片，能展现一国的国际形象，甚至成为国家的标签。一般而言，技术知识的见长与科技成就的增加会推动一国在国际社会中取得相应的吸引力与向心力，从而促进国家软实力的增长。太空开发作为高科技领域的活动，能够为展示一国先进技术与综合实力提供有效窗口，从而为国家行为体赢得荣誉，"空间技术是国家软实力的展示，体现了国家的声望"[1]。

古代辉煌的历史文明，令印度人具有强烈的民族自尊心与自豪感，重视国家在国际社会的声誉与名望。但葡萄牙、荷兰、英国、法国等西方殖民势力对印度次大陆地区的野蛮入侵及残暴占领，在很大程度上"湮没"了古代印度文明在人类社会中曾享有的美誉。因此，自 1947 年恢复独立主权国家的身份之后，印度就一直在寻求重塑形象与良好国际声誉。二战结束之后，以时任总理尼赫鲁为代表的印度

---

[1]　何奇松：《国际太空活动的地缘政治》，《现代国际关系》2008 年第 10 期，第 9 页。

政府高层敏锐地洞察到：掌握和拥有火箭发射技术、人造卫星技术、弹道导弹技术以及太空技术是苏联和美国快速提升国家权力、赢得国际声誉的主要方式，提升国家荣誉成为印度太空战略及行动的更高诉求。印度的太空参与战略，注重突出自身技术的先进性，以技术成就的进步昭示民族自豪感与国家荣誉感，意图在"争夺人心"战中获得他国认可。正如航天专家所指出，印度探测火星首先是要争取政治意义，之后才是工程意义，科学意义排在最后。[①]

（三）终极目标：追求大国地位

借由大力推动太空开发，印度可树立平等参与国际事务的形象，展示独立进行高科技研发的能力，为国家赢得尊严与荣誉，进而能够促进印度大国身份的生成与提高国际社会对其大国地位的认可度。

受差别主义世界观与阶序性社会关系等影响，印度长期以来抱有强烈的大国情怀，渴望在国际体系中占据顶层位置。纵观印度独立之后的历史，虽然领导印度前行的政党组织几经更迭，但其在进行相关的外交决策活动时，均十分默契地努力将印度发展成为一个世界性的"有声有色"的大国。尼赫鲁认为，"印度以它现在的地位，是不能在世界上扮演二等角色的，要么做一个有声有色的大国，要么销声匿迹……亚洲的未来强烈地由印度来决定，印度越来越成为亚洲的中心"[②]。不管是冷战时期担当不结盟运动领袖的坚持，还是在后冷战时代试射"烈火－5"导弹而跨入"洲际导弹俱乐部"的奋进以及积极推进"入常"的尝试，均是印度寻求大国权势地位的体现与路径。

当前，世界大国开发太空及进行太空博弈，根本上还是地球表面地缘政治竞争的衍生与继续。相对来说，大国地位与强国身份是某种战略奢侈品，印度太空战略的终极目标便是在位势竞争中获取有利地位，从而实现其大国地位的国际抱负。印度历届领导人均把高科技发

---

① 《印度缘何先于中国探火星 中国航天不需要火星证明》，环球网，2014 年 9 月 25 日，http：//mil. Huanqiu. com/observation/2014－09/5149380. html。

② ［印］贾瓦哈拉尔·尼赫鲁著，齐文译：《印度的发现》，世界知识出版社 1956 年版，第 57 页。

展作为印度成为世界舞台上"有声有色"大国的重要支撑与象征。尼赫鲁曾将航天技术形象地比喻为"现代印度庙宇的庙顶"[①]，并通过大力推动太空事业进步与取得成就，促进国际关系领导者角色的复生。总之，印度一直将太空力量的发展视作迈向世界大国、体现其综合国力的重要步骤，希望通过占据太空制高点，成为与其他航天大国比肩的力量中心，并为成为世界大国凝聚软硬资源。

事实上，印度发展太空事业，既获得了足够且广泛的军事投放能力，得以更好地保障国家安全，也带动了相关上下游产业的发展，为印度经济注入了新的动力。不过，仅仅以安全或经济视角并不能完整地洞悉印度发展太空事业的动因，印度太空事业的迅速发展还蕴藏着深刻且明确的威望动机。"我们不只是考虑到印度的自由，还想象一个自由与强大的印度为全世界的自由与和平提供力量支撑。"[②] 这是印度向世界宣示威望的鲜明昭示，也是印度太空发展的思想根源。

二、印度成为国际太空舞台新棋手

作为新兴航天大国，印度太空开发进展迅速，取得显著成果。

（一）商业发射

印度卫星发射能力不断提高，低成本卫星发射为其主要优势。印度空间研究组织以及其下属的安得利公司以低成本竞争介入商业发射领域，使得印度极轨卫星运载火箭逐渐在国际商业发射市场占据一席之地。近年，印度承接了全球范围内多个卫星发射任务。2015 年，印度首次获得美国卫星发射任务，由安得利公司帮助谷歌旗下卫星公司发射 9 颗微型卫星。2017 年 2 月，印度研发的 PSLV C – 37 型运载火箭以单次运载 104 颗卫星创下世界纪录，此次运载中有 96 颗卫星来自美国公司。印度有着显著的地缘政治优势，加之国际政治和国家安

---

① 黄志澄：《印度太空力量的发展》，《国际太空》2009 年第 7 期，第 34 页。

② Jyotindra N. Dixit, "Makers of India's Foreign Policy: Raja Ram Mohun Toy to Yashwant Sinha", New Delhi: Harper Collins Publishers, 2004, p. 28.

全等多方因素共同作用，美国公司渐渐发现印度安得利公司是美国太空技术探索公司、蓝色起源公司等之外的卫星发射最优选择，安得利公司逐渐进入美国卫星发射市场。此外，印度早在 2022 年就开始自主研发新型大推力重型运载火箭——地球同步卫星运载火箭 3 型，该火箭于 2022 年 10 月 23 日成功将英国一网公司的 36 颗卫星送入预定轨道，完成了其首次承担商业发射的任务。印度也借此成为世界上有能力承接商业卫星发射业务的少数国家之一①。

（二）深空探测

1. 第四落月国

2008 年 10 月 22 日 6 时 22 分，印度首颗月球探测器"月船 1 号"，从位于斯里哈里科塔岛上的萨提斯达瓦航天中心发射升空，并于当年 11 月进入绕月飞行的工作轨道。其成功发射，标志着印度成功加入"探月俱乐部"②。但作为印度的第一颗月球探测器，"月船 1 号"在技术上存在许多不足。2009 年 8 月 29 日 1 时 30 分，在月球上空 200 千米处运行的"月船 1 号"突然与地面站断开了无线电联系，此后，无论印度空间研究组织的科学家多么努力地想与这颗月球探测器重新建立联系，都未能成功，印度第一颗月球探测器从此消失在浩瀚星海之中③。

经过十年努力，印度空间研究组织于 2019 年 9 月发射"月船 2 号"。这颗月球探测器携带着"维克拉姆号"登陆器，准备开启印度历史上的第 1 次月球表面软着陆，起先预计位置是在月球北极地区的一块平地。但遗憾的是，这次月球表面软着陆尝试最终失败，"月船 2 号"非但没有软着陆成功，还坠毁在了月球表面④。

---

① 谢超：《"印太"视阈下印度太空战略的进展、动因及挑战》，《和平与发展》2023 年第 2 期，第 94—120、170 页。

② 王皓：《印度加入探月俱乐部》，《国际航空》2008 年第 12 期，第 63—64 页。

③ 姚源、屠空：《"月船 1 号"英年早逝》，《太空探索》2009 年第 11 期，第 25—31 页。

④ 迟惑：《月船 2 号：坠毁在阴影之中》，《太空探索》2019 年第 11 期，第 22—28 页。

　　经过前两次的失败，印度并没有放弃月球探测，而是从中吸取经验，为第三次月球探测做准备。2023 年 7 月 14 日下午，"月船 3 号"探测器从印度东南部安得拉邦的航天发射场发射升空，印度第三次探月、第二次尝试落月的帷幕由此拉开。2023 年 8 月 23 日，"月船 3 号"在月球表面完成软着陆，印度成为继美国、苏联、中国后第四个成功实现登月的国家①。

　　2. 火星探测

　　在火星探测上，印度经过不懈努力，耗费 7400 万美元打造出"曼加里安号"火星探测器，成功奔赴火星。火星探测任务早在 2007 年就被提出，2012 年 8 月任务正式启动，2013 年 11 月 15 日印度的"曼加里安号"火星探测器成功发射，并于 2014 年 9 月成功进入火星轨道，后积极开展科学探测任务。"曼加里安号"火星探测器的成功发射，使得印度成为亚洲首个成功进行火星探测的国家，同时是全球范围内继美国、俄罗斯和欧洲空间局后第四个成功完成火星探测的国家，更是第一个首次尝试就成功将探测器送入火星轨道的国家②。"曼加里安号"的成功，让印度对火星探测充满激情，印度也陆续启动更加深入的火星探测任务，为现代火星探测贡献出重要力量。

　　3. 载人航天

　　在载人航天技术的开发上，印度的太空舱返回试验项目于 2007 年 1 月顺利完成，通过自主研发的极轨卫星运载火箭 C7 型，将总质量 550 千克的太空舱送入预定轨道，并在预定轨道停留了 11 天，最终落在计划的海域回收成功。这是印度首次对载人航天技术进行实际探索，标志着印度自主推进载人航天计划顺利迈出第一步。此后，印度的推力重型运载火箭、返回式卫星以及相关地面控制和回收技术逐渐发展，已具备了载人航天的初步探索能力。印度又在 2018 年 7 月

---

① 魏齐、任重：《发射成功，印度想当"第四落月国"》，《环球时报》2023 年 7 月 15 日。

② 李鹏：《未来火星探测的六大角逐军团》，《防灾博览》2020 年第 5 期，第 54—55 页。

进行了逃生系统测试，将一个重达 13.9 吨的模拟太空舱送至 2.7 千米高度，并模拟了处于紧急状况时的逃生机制，最终舱体落于孟加拉湾近海，测试成功。该测试为印度载人航天打下基础，显示出印度载人航天技术的发展成果。基于此，印度在 2018 年 8 月正式提出其载人航天计划"天空之船"。此后几年，印度一直在为载人航天计划而努力，直至 2022 年 10 月 27 日，印度宣布将在 2023 年开展系列飞行测试，这是"天空之船"载人航天计划的重要环节。同时，印度计划在 2024 年底或 2025 年首次开展载人航天任务，将本国宇航员送到400 千米外的太空，并实现两天至三天的停留①。

（三）反卫星技术

印度太空技术应用于军事的时间偏晚，甚至在 21 世纪初之前，印度军队都没有使用本国的太空资产。印度的太空资产由太空部和印度空间研究组织主导，主要用于民生社会领域，印度军方无法使用。这就导致当时印度虽已拥有较为发达的遥感卫星技术，但军方只能从美国购买商业卫星图像服务其军事。由于国际局势发展，加之一些不可避免的军事冲突，印度政府开始思考其遥感卫星的军事用途。2010年国防部一体化防卫参谋部签发的《技术展望与能力线路图》中就有印度太空技术在军事领域的开发。具体有，印度开发出军用通信卫星，如海军专用的 GSAT7 卫星，还开发出雷达成像卫星、印度区域导航卫星系统，同时研发出多种反卫星武器。为指导军事太空的发展，印度联合防卫参谋部设立一体化太空机构，该机构负责协调三军、国防部与太空部和印度空间研究组织进行太空技术研发，促使各个部门、机构间能够就太空技术发展进行平等对话，为印度太空军事发展打下基础。联合防卫参谋部签发的《国防太空构想 2020》中也要求军方从天基侦察与通信能力开始，逐步扩大双用途资产，以期达到在一体化太空机构下构建军方指挥作战的能力。

---

① 谢超：《"印太"视阈下印度太空战略的进展、动因及挑战》，《和平与发展》2023年第 2 期，第 94—120 页、170 页。

　　为进一步提升印度太空军事能力，印度政府开始加大军事太空资产的投入、研发，制造更多卫星服务军事领域，提升印度军队实力。同时，印度于 2019 年 3 月完成反卫星试验，标志着印度成为继美国、中国、俄罗斯之后第四个掌握反卫星技术的国家①。

---

　　① 何奇松：《论印度太空战略》，《上海交通大学学报》（哲学社会科学版）2019 年第 5 期，第 64—75 页。

第四章

太空治理困境

随着太空活动日益频繁，太空呈现出"公地悲剧"特征，特别是太空环境恶化、太空资源稀缺以及面临太空武器化威胁，太空治理成为全球治理重要环节。

第一节 军备竞赛

一、缘起与演化

军备竞赛是指和平时期敌对国家或潜在敌对国家互为假想敌,在军事装备方面展开的质量和数量上的竞赛,是一种预防式的军事对抗。发展至今,主要经历了常规武器竞赛、核武器竞赛、太空武器竞赛。太空军备竞赛的主要焦点是敌对双方在打击太空目标、从太空发起打击以及在太空进行目标打击等方面的武器和能力竞争。当前,太空已逐渐成为新一轮军备竞赛的主舞台。

(一)"导弹差距"恐慌引发太空军备竞赛

1957年10月4日,苏联用R7火箭成功将"斯普特尼克1号"卫星送入轨道,这一重大突破给美国带来了巨大冲击,被称为苏联技术突破美国的"斯普特尼克时刻"。美国决策层认为,苏联卫星率先成功发射昭示着美国核力量优势地位的丧失,美国本土开始被置于苏联的洲际弹道导弹攻击之下。同年年底,美国情报机构出台了系列国家情报评估报告,指出美苏存在明显"导弹差距",并将会出现一个因美国洲际弹道导弹发展落后于苏联而导致战略失衡的"严峻时期"。"导弹差距"的争论引发了美国国内对政府国防政策的强烈抨击和不满。1958年1月24日,美国总统艾森豪威尔批准了国家安全委员会行动备忘录1846号文件,将卫星项目列为重点优先项目进行发展;8月18日,又批准国家安全委员会文件《美国关于外层空间的初步政策》,标志美国正式准备与苏联开展太空军备竞赛。此后,艾森豪威尔政府采取了一切可行的措施加速导弹和人造卫星计划。美苏由此进入了以冷战为背景的太空军备竞赛,双方加快军用卫星等的研发与部署,以争夺太空霸主地位。

20世纪六七十年代,出于对核战略稳定的忌惮,且太空资产与核预警、核指挥系统直接相关，这一时期的美苏太空军备竞赛表现出一定的克制，双方进入了一个相对的缓和时期。到了 20 世纪 70 年代末，苏联全球攻势战略达到顶峰，美苏两国的缓和关系出现裂痕。同时，军事技术在这一时期得到空前发展，侦察、识别和追踪弹道导弹技术及激光、粒子束、动能等武器技术，加之大规模电子计算机处理大量资料、信息能力的提高等，为研究和部署有效的反弹道导弹系统提供了新前景。在这一背景下，美苏太空争夺进入了一个新的阶段，即由在太空部署导航、通信、侦察、监测及气象卫星等军事辅助系统，向部署拦截弹道导弹的军事作战系统发展。美苏军备竞赛也随之发生了质的变化，即由追求进攻性战略武器的优势转向追求防御性战略武器的优势，由依赖和使用核武器系统转向依赖和使用非核武器系统，新一轮太空军备竞赛愈演愈烈。然而，在 20 世纪 80 年代后期，由于长期以来耗资巨大的军备支出，苏联内部出现严重的经济问题，被迫寻求与美国进行重新谈判，从而放缓了军备竞赛的步伐，美苏战略力量的对比最终转向有利于美国的方向发展。

在美苏你追我赶、各自寻求军事优势的局面下，利益关系和技术进步推动军备竞赛向新的领域发展，表现为从核军备竞赛逐渐转向太空军备竞赛。

（二）"危机感"加剧太空军备竞赛

发展航天事业需要耗费大量人力、物力等资源，因此，太空军事利用曾几乎是大国的专利。随着经济实力的增长，从 20 世纪 70 年代开始，日本、欧盟和印度等纷纷加大涉足太空的力度，先后加入了"太空俱乐部"。1991 年 12 月 26 日，苏联解体，冷战结束，世界格局向多极化方向发展，太空领域的权力结构也出现了单极向多极发展的趋势。

冷战结束后，美苏之间的太空军备竞赛暂告一段落。然而，美国作为冷战后唯一的超级大国，太空实力无与伦比的同时，其对自身霸权担忧的"危机感"也日益加重。2001 年 12 月，美国总统小布什宣布退出《限制反弹道导弹系统条约》（简称《反导条约》），2002 年 6

月，美国正式退出《反导条约》。美国极力突破《反导条约》的限制，以放手发展弹道导弹防御系统，追求国家的绝对安全。此后，美国开始全方位、多层次、大纵深地发展太空军事力量，加快太空预警、监测和指挥控制系统的发展。同时，美国以反导为幌子，趁机发展、提升其反卫星作战能力。尽管美国已拥有完备的太空战指挥机构、理论体系、兵力编制、武器系统、培训基地以及庞大的航天工业和雄厚的人才储备等，但危机感仍非常强烈，不断研发新型太空武器，并频繁进行太空战演习。这极大地破坏了太空权力均衡，冲击了国际安全和战略稳定的基础，使军备竞赛规模不减反增。

在太空领域，某一太空主体军事实力的发展，必然引起其他行为体的警惕、猜疑甚至过激反应。为了有效制衡倚赖太空军事实力的霸权国家，或是为了保障本国安全、维护国际战略平衡，其他国家必然加紧发展与其实力相当或能够有效克制对手运用太空资产效能的军事装备，储备反太空能力。俄罗斯已研发部署多种反卫星系统，"努多利"地基反卫星导弹已进行过多次测试；伊朗已具备电子干扰卫星的能力，并能利用现有的弹道导弹技术制成粗糙的直接上升式反卫星武器，与此同时，还不断寻求从其他国家购买激光反卫星武器；朝鲜则获得了来自俄罗斯的电磁脉冲武器和 GPS 干扰器，其弹道导弹技术同样可以将导弹送入太空并产生碎片，最终威胁卫星的安全；印度亦于 2019 年 3 月 27 日成功进行了反卫星导弹试验，击落了一枚位于地球上空 300 千米左右的卫星。各国纷纷加强军事力量建设和发展太空军事装备，这样的行为无疑是地区太空军备竞赛的结果，也进一步刺激了美国继续研发太空军备，从而再次引发新一轮的太空军备竞赛。

冷战后的太空军备竞赛，尽管还没有达到冷战时期美苏太空对抗的激烈程度，但是就太空军备的种类与手段而言，已经超过了冷战时期美苏太空军备发展水平。但迄今为止，美国仍没有签署任何防止太空军备竞赛的条约，这使太空军备控制实践屡屡受阻，对国际战略稳定带来极大的不利影响。

二、限制与阻碍

随着航天技术的不断进步和太空探索利用的深入发展，太空安全问题日益引起关注。太空安全威胁主要有由太空霸权主义引发的太空武器化和军备竞赛威胁、太空资源争夺引发的安全威胁、自然环境恶劣或非故意的人为伤害引发的安全威胁三种形式。与后两类安全威胁不同，军备竞赛极易引起太空互动中人为故意伤害或潜在伤害其他行为体及其资产的行为，并引发或加剧其他太空安全问题，这一行为属于广义上的武力行为，是与冲突、战争相关的军事活动。

在现代国际体系中，各国维护国家安全，主要采取发展军备、与他国结成军事同盟以及进行军备控制这三种方式，以消除来自敌对国家的威胁。就有关国家通过发展太空力量进行军事方面的准备而言，由于太空军事利用所具有的战略意义，发展太空军备很容易成为优先选项，但是，具有太空实力的国家争先恐后发展太空军备，客观上会给其他国家造成安全威胁，而其他国家对此威胁的选择必然也是发展军备，由此引发的太空军备竞赛很容易陷入安全困境。太空军事领域的结盟行为则因相互间的忌惮，往往停留在诸如太空感知信息数据共享等有限领域，对先进进攻性技术进行交流、共享的可能性较低。因而，面对太空安全困境的求解，太空军备控制将是解决太空安全领域矛盾问题的最典型方式。

（一）太空军控进程

太空军控是指对太空领域的武器及其相关设施、相关活动或者相关人员进行约束，以达到维护太空战略安全与各国合法权益的目的。[①]推进太空军控，一方面有利于维护涵盖陆、海、空、天、网等国际安全领域的战略稳定；另一方面在太空安全关系与国际体系的持续互动中，有利于正向引导各主体的价值取向和观念进化。作为国家间安全互动的新生成分，太空军控是一个关于"技术—权力—观念"的复合

---

① 李彬：《军备控制理论与分析》，国防工业出版社 2006 年版，第 2—4 页。

建构过程，从缘起到演化至今，受到观念层面的政治认同度和物质层面的力量制衡程度的双重制约。

　　相互确保脆弱、权力制衡是触发太空军控的关键。美苏冷战时期，在核武器相互确保摧毁的恐怖对峙情境下，美苏有着寻求在太空领域避免引发核战争的共同利益。因此，双方利用联合国及其相关平台，达成了一系列与太空军控相关的国际机制成果。20世纪50年代至60年代，美苏形成了"两极对峙"和"核大战威胁"的地缘战略格局，双方主要围绕以太空禁核为中心的军备控制进行了探讨，取得了一些具有代表性的成果，构成了早期太空军控的缘起脉络和基本框架。比如，《禁止在大气层、外层空间和水下进行核武器试验条约》在禁止太空核试验的基础上，进一步禁止在太空及其天体上放置、部署包括核武器在内的任何大规模杀伤性武器，在太空军控领域具有重要的里程碑意义。20世纪70年代至80年代，美苏两极对抗的大背景未变，抗衡格局趋向稳定。美苏为防止任何一方技术上的突破或扩散给自身带来威胁，在太空军控领域达成了系列条约和公约，对相关定义、概念进行了明确界定和阐述，标志着国际太空军控框架得以进一步充实和拓展。比如，《反导条约》的签订有效防止了美苏两国核军备竞赛的进一步升级，在一定程度上实现了军控领域的"弱纳什均衡"①，对于助推太空军控取得实质进展以及维护世界和平与稳定发挥了重要作用。整体而言，在美苏两个超级大国既竞争又合作的基本态势中，虽然空间军事化稳步发展，但是空间武器的发展仅仅停留在探索阶段，保持了相对稳定的空间安全。

　　太空领域权力失衡则是当前太空军控停滞不前的根源。1991年，以苏联解体为标志，国际体系由雅尔塔体系向冷战后体系转化，太空领域因苏联一极的突然消失出现了严重的权力失衡。一方面，各国竞相发展太空力量；另一方面，美国凭借远超其他国家的太空实力，试

---

　　① "弱纳什均衡"与"强纳什均衡"相对。"强纳什均衡"指的是每个玩家在当下的策略是唯一的最优选择。"弱纳什均衡"指的是，每个玩家在当下的策略是最优的，但并不是唯一的最优策略，可能还有其他策略也能带来相同的收益。

图以太空绝对优势护持其全球霸权，拒绝与国际社会达成条约、协定以对太空军备实施控制，太空军控一度出现倒退、徘徊局面，其间的标志性事件则是 2001 年美国单方面宣布退出作为太空军控基础性条约之一的《反导条约》。由于美国拒绝开展有效磋商、国际政治利益分化、太空军控核查能力欠缺等阻碍因素，联合国系统就防止太空军备竞赛、实施太空军控而取得的实质性成果乏善可陈。进入 21 世纪以来，国际太空军控领域呈现出壁垒分明、相互掣肘的态势，以俄罗斯为代表的国家大力推进太空非武器化和防止太空军备竞赛，而美国等少数国家则为对冲国际军控压力推出各种太空行为规则倡议，相关较量争辩此起彼伏，但实质进展不大。两大阵营难以形成共识，太空军控的推进一定程度上陷入了困境和僵局。

尽管太空军控一度停滞不前，但国际社会大多数国家仍主张建立和平、合作、和谐开发太空的国际机制和法制框架，反对太空军备竞赛，强化和平开发太空的能力。2003 年，比利时、阿尔及利亚、智利、哥伦比亚和瑞典五国裁军大使，向裁军谈判会议全体会议提出"五国大使工作计划建议"，其中专项提出"防止外空军备竞赛"的议程项目，主张设立一个特别委员会来处理防止外空军备竞赛问题。2005 年，联合国大会通过两个有关防止太空军备竞赛的决议。2008 年，裁军谈判会议成立了防止太空军备竞赛工作组。2016 年，俄罗斯和委内瑞拉在裁军谈判会议上发表了一项联合声明，宣布将不首先在外层空间部署任何类型的武器。2018 年，联合国大会第一委员会通过了涉及外层空间安全的四项决议，包括《防止太空军备竞赛》《防止太空军备竞赛的进一步切实措施》《不首先在太空部署武器》以及《太空活动透明与建立信任措施》。这些举措和决议离不开各国在太空军控领域的共同努力，反映了国际社会在防止太空军备竞赛方面的迫切愿望和共识。

（二）外层空间法的不完备性

太空军控主要以各国或国际社会达成的协定、条约、公约等为依据，而在此基础上建立起的太空军控体系为国际社会限制太空军事利用、维护外空安全提供了法律支撑，有利于各国和平探索与利用太空。但现存《外层空间法》的相关规定仍存在种种缺陷，甚至为某些国家进行太空军备竞赛提供了合法化的理由。其一，太空武器界定不清。对于太空武器的定义，目前尚无统一认识：有的观点认为太空武器指部署于太空、但目标位置不限的武器；有的观点则认为，部署地点不限、任何以太空物体为目标的武器也属于太空武器。此外，卫星等太空资产存在明显的军民两用特性，目前较多民用卫星能在太空轨道自由行动，具有一定的进攻性，很难界定其是否为太空武器。其二，太空军事化限制的不彻底性。现有条约仅禁止各国在太空部署大规模杀伤性武器系统，却没有明确禁止部署其他类型的武器，给太空武器化留下了漏洞。随着科学技术的进步，空间武器的类型和功能已经远远超出了现有外层空间法的限制。其三，核查机制的缺失。相关条约没有设置专门的机构落实各项规定，无法从根本上监督缔约国的太空活动是否符合条约规定，有效性不足。其四，相关术语表述的不明确性。比如，对于太空用于"和平目的"的界定不清，导致各国对于该表述理解不一，一些国家就将"和平"等同于"非侵略性"，而不是"非军事性"，这就在主观上缩小了对太空军事活动的限制范围。这些问题一定程度上为太空武器化和军备竞赛留下了很大的发展空间，加大了太空领域军备控制所面临的阻力。

由于存在着严重缺陷，现存的外层空间法不足以制约太空军备竞赛，反过来，太空军备竞赛的加剧还会对外层空间法构成极大的挑战。与此同时，目前围绕现有的太空法律机制构建所涉问题，尤其是防止太空军备竞赛议题，相关国家的争论与分歧较大，导致制定全面而统一的国际条约仍遥不可及。

但值得期许的是，在绝大多数国家支持之下，联合国主导的外空活动长期可持续性工作组和外空透明与建立信任措施政府专家组会议等太空安全国际合作平台的相关工作均有较明显的进展，在广泛进行交流沟通的基础上，凝聚多方共识，促进各国间的理解和信任，从而为推动太空军备控制国际条约的协商进程打下了基础。

外层空间始终是人类的共同财富，和平利用外层空间是国际法的基本原则和国际社会的共同愿望。面对太空军备竞赛的严峻现实以及各国利益诉求的多样性，世界各国有必要在总结太空军控历史实践经验教训的基础上，积极探索和参与制定推进太空军控的有效应对策略和议题方案。

第二节　资源竞争

一、太空资源的概念及类型

从宇宙的视角来看，太空资源指的是客观存在于太空中、可供人类开发利用的各种资源。太空资源不仅包括地球上常见的物质资源，如太阳能和矿物质，还包含许多地球上所没有、太空特有的环境资源，例如高真空和超洁净环境、微重力条件以及强宇宙粒子射线等。这些独特的环境资源为人类提供了前所未有的开发机遇和巨大效益，因此，太空资源成为太空开发的核心焦点。

（一）太阳能资源

地球上的风能、水能、海洋温差能、波浪能和生物质能以及部分潮汐能都来源于太阳，煤炭、石油、天然气等化石能源从根本上说也是远古以来储存下来的太阳能，所以广义的太阳能涵盖范围极广，狭义的太阳能则限于太阳辐射能的光热、光电和光化学的直接转换。开发太阳能资源，可用于建造太阳能发电卫星，即太空电站[1]。它可直接吸收太阳能并高效率地将其转化成电能，再将电能用微波或激光发往地面供使用。

（二）高远位置资源

处在太空"制高点"位置上，既可"观地"，也能"望天"。关

---

[1] 霍思伊：《太空电站解决能源危机的终极出路?》，《科学大观园》2021 年第 19 期，第 66—69 页。

键的太空位置同样是重要的太空资源之一，占领高远位置资源被列入多国太空计划之中。如，许多国家利用航天器和人造卫星等开发太空高远几何位置资源。处在地面视野最开阔的地方，可以看见远在几十千米的地方。在飞机上，能捕获数百千米的地方。站在珠穆朗玛峰上，可以看见地球表面 0.07% 的地方。而在离地球 200 千米轨道上的人造卫星上，可以看到地球表面的 14%；在距地面 35786 千米的地球静止轨道上的航天器，则可以将 42% 的地球表面尽收眼底。[①] 人造卫星观测天体可以消除大气层的阻挡，顺利接收来自天体的全部电磁波辐射，轻松做到全波段天文观测，迅速捕获大量地球信息。航天器和人造卫星从本质上都是高远几何位置资源重要性的体现[②]。

（三）微重力环境资源

在绕地轨道上运行的航天器中的物体，受到两种力的作用，一种是地球引力，另一种是惯性离心力。当这两种力达到平衡时，重力基本消失，在该情况下，物体只受到其他微小干扰力的作用，从而形成一种微重力环境。在微重力环境下，航天器里物体的重量，只有地面的几十万分之一，甚至百万分之一，因此物体会悬浮在空中，不会固定在一个地方。这种环境是地球环境所不能达到的，可以为许多在地面上无法进行的科学实验提供便利，为科学研究提供更新颖的方法，因此也是一种重要的太空资源。

微重力环境中，液滴很容易悬浮在空中，由此冶炼金属时就可采用悬浮冶炼法[③]。使用这一冶炼方法时，金属并不接触容器，因此冶炼温度对容器的影响即可被忽略。如此既能进行极高熔点金属的冶炼，又可避免容器壁污染和不均匀成核结晶，从而改变晶相组织，提高金属强度。此外，微重力环境下，气体和熔体的热对流会消失，密

---

① 王晓海：《科学发展观与太空资源的可持续利用》，《中国测绘学会第八次全国会员代表大会暨 2005 年综合性学术年会论文集》，2005 年。

② 王文轩：《未来将开发的太空资源》，《资源与人居环境》2011 年第 12 期，第 39—41 页。

③ 王景涛、葛培文：《微重力环境利用》，《物理》2000 年第 11 期，第 665—673 页。

度不同的物质的分层和沉积也会消失，可生产极纯的化学物质、生物制剂、特效药品，以及均匀的金属基质复合材料、玻璃和陶瓷。

（四）月球资源

月球上存在多种元素和矿物，是重要的太空资源。已知存在于月球表面的元素，有氢、氧、硅、铁、镁、钙、铝、锰和钛等，其中较丰富的是氧、铁和硅。风化层中的氧原子含量按重量计估计为45%，氧通常以氧化铁的形式存在于富含铁的月球矿物和玻璃中。稀土元素（除铕外）在月壳中的含量相对丰富，稀土矿常被视为一种可行的月球资源，因为它们具有广泛而重要的工业光学、电学、磁学和催化性能。月球上还有地球上稀缺的"清洁"核发电材料氦-3[1]。

（五）小行星和彗星上的资源

部分小行星表面碳元素丰富，更有丰富的水资源及氧化镁、氧化铝等岩土资源；还有部分小行星的二氧化硅含量较为丰富[2]；金属型小行星上有丰富的铁、镍、铜等金属，有的还有金、铂等贵金属和珍贵的稀土元素。彗星上有丰富的水冰。将这些资源和月球上的资源利用起来，可以建设航天港和太空城，也可直接供地球使用。

（六）轨道资源

汽车行驶有固定路线，轮船航行也有既定航道，太空中的航天器也需要规划好的运行轨道。在地球引力的作用下，航天器在太空运行时，必须环绕地球沿着特定的椭圆轨道飞行，这个轨道被称为太空轨道。航天器在此轨道上运行时，可以快速且大范围地覆盖地球表面，捕获地球信息，从而达到通信、遥感、定位等目的，与此相关的一切统称为太空轨道资源。

（七）高真空和超洁净环境资源

太空优越的高真空环境条件，使得宇宙飞行器在太空中能长时

---

① 刘进军、郭建成、蒋峥：《论月球的矿藏、资源与利用》，《卫星与网络》2021年第9期，第48—57页。

② 苏唐：《有关小行星的那些事儿》，《太空探索》2021年第12期，第33—37页。

间高速度飞行，这种高真空环境是一种重要的太空资源。高度真空伴随着超洁净环境。因此，利用这种环境资源可以进行高纯度、高质量的冶炼、焊接，还能分离出一些地球环境无法分解出的物质。

二、资源竞争概况

（一）轨道资源或成太空资源竞争焦点

"站得越高，看得越远"，航天器处在距离地球高度不一的太空轨道上，其收获的"风景"也各有不同。将轨道按照高度进行划分，有低轨道（又称近地轨道）、中轨道和静止轨道，处在低轨道上可观测到地球表面的 14%，而位于静止轨道上则可观察到地球表面的三分之一以上。

为在太空中占据绝对优势视角，各国通过开发多种航天器对轨道资源进行争夺。在这些航天器中以各类卫星为主。以通信卫星为例，它就是利用特殊轨道资源，在大范围内实现信号的传递和输送。如此一来，声音、文字、图片、影像等便可通过这些卫星之间的信号连接来发送。电视远程式教育、指导开展抢险救灾、架起空间信息高速公路等都依靠通信卫星。物质生产效率提高、人类生产生活及工作方式转化的同时，轨道资源的利用融入人类血脉。但是资源总是有限的，轨道资源亦是如此，由此，资源竞争一触即发。

地球静止轨道资源极其有限。地球静止同步轨道上的卫星与地球自转速度同步，相对地表静止不动。从理论上说，若以等距离方式，在该轨道上放置三颗卫星，其信号便可覆盖全球。因此它在空间通信、直接广播电视、卫星导航、气象观测等领域具有非常重要的实用价值。自 1963 年美国发现静止轨道开始，到 20 世纪 80 年代，该轨道上的卫星已超过 150 枚。但轨道上可"停放"卫星的区域有限，卫星槽位只有 1800 个，因此竞争愈发激烈，许多国家纷纷自行或联合制造卫星，抢占地球静止轨道资源，各国卫星之间出现干扰需协调的情况时有发生。到 2013 年底，地球静止轨道上已有 447 颗卫星（其中美国拥有 177 颗），平均不到 1 度间隔就有 1

颗卫星①。截至 2022 年 2 月，其中 541 个槽位已被活动卫星占据使用，余下位置成了各国争夺的重要资源。

低轨资源争夺也十分激烈。在位于地表上方约 1600 千米处近地轨道，运行着大量低轨道地球卫星。大多数对地观测卫星、测地卫星以及一些新的通信卫星系统都采用近地轨道。但由于低轨卫星瞬时视场小，每次只能观测地球的一小部分并与之通信，常需多颗卫星系统协作。这导致对近地轨道卫星的需求大大增加，低轨资源也成为了航天各国的必争资源。从国家维度看，美国低轨卫星产业发展遥遥领先，相关技术成熟，低轨在轨卫星数量占全球一半以上。美国推出《国家航天战略》，部署多个卫星星座计划，推进低轨通信卫星组网工程建设，致力于成为全球领先的低轨卫星互联网技术服务提供大国。俄罗斯坚守传统发展战略，拓展低轨通信卫星星座新市场，采用液氧/煤油发动机推进，能够覆盖 3.5—35 吨不同负荷的低轨运载发射需求，使低轨卫星发射成本降低。欧洲通过欧洲空间局使成员国之间统一低轨卫星战略目标，将相关资源整合，进一步完善卫星体系建设。欧洲各国对内强调欧洲一体化，对外携手美国、俄罗斯等开展合作。加拿大依托"阿尼克号"卫星，成为世界上第一个实现国内卫星通信的国家，其在遥感探测、卫星通信、太空机器人等领域技术领先；在低轨通信领域，则采取和美国错位发展的理念，在近地轨道建设低带宽、低速率的窄带物联网卫星星座，支持交通运输、油气田、水利、环保、资源勘测以及工业互联网等领域。韩国也于 2021 年 5 月 17 日设立宇宙研究中心，其首个研究项目就是低轨道卫星通信技术星间链路。星间链路以激光为传输介质进行星际数据交换，是低轨道卫星通信服务所不可或缺的技

---

① 沈鹏：《全球公域治理中的权力与规则——以美国获取地球静止轨道资源为例》，《太平洋学报》2019 年第 7 期，第 15—26 页。

术，这彰显了韩国开发低轨卫星的决心①。

（二）月球或成资源竞争高地

月球上特有的矿产资源和能源是对地球上矿产资源的补充和储备，将对人类社会的可持续发展产生深远影响。

人类对月球的探索始于 1958 年苏联发射的首个月球探测器。此后美国"阿波罗"计划将人类送上月球，使第一轮探月进入高潮。美苏争霸结束后，各航天国深知月球资源的战略意义，掀起第二轮探月热潮。在新一轮探月热潮中，除已实施过月球探测任务的美国、俄罗斯（苏联）外，欧洲空间局、日本、印度、以色列等国家和组织先后加入月球探测的行列，英国、韩国等也跃跃欲试。2018年 1 月，国际空间探索协调组发布了第三版全球空间探索路线图，呈现出"近地轨道—地月空间—火星"的深空探测发展态势。

美国继 2017 年 12 月特朗普总统签署 1 号航天政策令宣布重返月球以来，于 2018 年 2 月发布《美国航空航天局战略规划 2018》，目的是在美国领导下重返月球、开展长期空间资源探索和利用；又在当年 9 月发布《国家太空探索活动报告》，确定了 2018—2024 年深空探测路线图，规划了 11 次任务，与月球相关的任务 8 次，计划通过国际合作在 2026 年前建造"深空之门"（Gateway）月球轨道空间站。而 2019 年 3 月，时任副总统彭斯在国家航天委员会上宣布"5 年内完成载人登月，登月地点位于月球南极"。同时，美国正加紧推进"阿尔忒弥斯"计划，计划在 2024 年载人登陆月球南极，2025 年起持续探索月球资源，建立月球基地。2020 年 4 月，美国航空航天局公开了《美国航空航天局月球持续探索和发展计划》，系统描述了美国月球探索计划和愿景，5 月又宣布选择蓝色起源、太空探索技术公司和戴尼克斯三家宇航公司为其研制能在 2024 年载人登月的着陆器。

---

① 《韩国，成立宇宙研究中心》，京报网，2021 年 5 月 17 日，https：//mbd. baidu. com/newspage/data/landingsuper? context = %7B%22nid%22%3A%22news_11176754447 882415572%22%7D&n_type = 0&p_from = 1。

俄罗斯对月球的探索从未停止。在《2016—2025 联邦航天计划》中，俄罗斯将月球探测列为优先发展方向之一，计划实施一系列月球探测任务，将在 2025 年前实施 Luna–25 月球南极着陆任务、Luna–26 绕月探测任务、Luna–27 月球南极着陆巡视等任务。在 2019 年 2 月公布的《月球综合探索与开发计划草案》中，还提出了 2036 年至 2040 年建设月球基地的目标。

欧洲空间局从 21 世纪初起，就开始研究、实施大大小小的绕月探测任务。2016 年，沃尔纳就任欧洲空间局局长时发出全球建设"月球村"的倡议，号召有能力的国家共同参与，试验新技术、实现新发现、共享新成果，对月球资源进行开发利用，在月球上建设进行科研、采矿、太空旅游等活动的永久基地。2019 年 7 月，欧洲空间局提出了以科学和开发利用为双轮驱动的探月新规划，包括 2023 年月球南极原位资源探测任务、月球通信星座规划等。2019 年 12 月，欧洲空间局部长级理事会同意在未来 3 年向欧洲空间局提供 125 亿欧元资助，月球探测是其新的增长点。

日本宇宙航空研究开发机构先后开展"飞天号"月球探测、"月亮女神"计划，新规划"月球探索智能着陆器"（SLIM）计划、水冰勘查等无人探测任务，并在 2018 年发布《第四期中长期发展规划》（2018 年至 2025 年），修订 SLIM 发展规划。

印度在 2008 年成功发射"月船 1 号"，2019 年"月船 2 号"软着陆失败，但轨道器成功绕月探测。随后，印度加紧研制"月船 3 号"再次着陆任务，并与日本达成未来探月合作意向。

三、太空资源竞争下的国际法案

有限的太空资源必然造成各航天国间的利益博弈，围绕维持资源竞争秩序的一系列国家条约或规范由此诞生。这些条例和协定或为缓解激烈的国际太空资源竞争而制定，或为某一方资源争夺更有利而制定，但都能在总体上反映出太空资源竞争。

自大批人造卫星抢占地球静止轨道后，世界各国开始围绕轨道位置分配问题进行争论。国际电信联盟作为轨道资源、无线电频率资源的核心国际组织起到了至关重要的作用。后形成了在国际电信联盟下设的国际频率登记委员会登记各成员国的卫星轨道和频率的制度，实行"先登先占"原则。此外，《无线电规则》是无线电管理领域唯一的国际条约，指导地球静止轨道、非静止轨道以及无线电频率的使用。世界无线电通信大会每 3 年至 4 年举办一次，对《无线电规则》进行制定或修订①。

1973 年的《国际电信公约》将地球静止轨道和无线电频率规定为"有限的自然资源"。但由于各国开发外层空间的经济和技术力量相差悬殊，部分发展中国家对"先登先占"原则产生不满。同时，位于赤道上的国家（大多数是发展中国家，正好处于地球静止轨道的下方）基于自身利益的考量对"先登先占"规则发起根本性挑战。1975 年，哥伦比亚在第 30 届联合国大会上首次对位于其领土上方区域的地球静止轨道提出主权要求，并认为地球静止轨道不属于《外层空间条约》规定的外层空间的一部分。1976 年，厄瓜多尔和巴拿马两国也采取相同立场。1976 年 11 月，巴西、厄瓜多尔、哥伦比亚、扎伊尔、刚果、乌干达、印尼和肯尼亚八个赤道国家在哥伦比亚的首都波哥大召开会议，统一其对地球静止轨道法律地位的立场并发表《波哥大宣言》，声明地球静止轨道是有关"赤道国家在其上行使其国家主权的领土的组成部分"，"是在赤道国家主权之下的"；在赤道国家上空的静止轨道上放置卫星等装置，"应得到有关国家的事先和明确的认可"，其"操作应受该国国内法支配"，已在该轨道内运行的物体，并不因此取得合法地位；赤道国家承认公海上空的静止轨道属于"人类的共同继承财产"，允许各国自由运行、使用和开发等。这遭到了美国、苏联、澳大利亚、英国、法国、比利时等国的激烈反对。其后，经过一系列争论，《波

① 《〈无线电规则〉是什么?》，中国政府网，2020 年 12 月 8 日，https://www.mi-it.gov.cn/jgsj/wgj/kpzs/art/2020/art_02eaf5cdc10f474985c3131289897814.html。

哥大宣言》并未获得真正的法律效果，但却取得一定的政治效果，引起了各国对静止轨道的关注。国际航空航天仲裁法院还在 2011 年出台了《外层空间活动相关争端任择仲裁规则》。

在月球资源争夺上，《外层空间条约》中将月球归于全体地球人共有的财产，任何国家、组织或个人不得划分势力范围或宣誓主权，不得占为己有。1979 年 12 月 5 日联合国大会第八十九次全体会议通过、1984 年 7 月 11 日生效的《月球协定》，规定了任何国家都必须防止月球上出现污染，不论这种污染是月球环境导致的，还是外带物质引起的，都严格禁止。这在很大程度上限制了人类对月球资源不合理的开发利用，保护了月球资源。

第三节　太空垃圾

一、何谓"太空垃圾"

自 1957 年苏联制造的世界第一颗人造卫星进入太空之后，各国竞相将大量航天器送入太空，而这也带来"太空垃圾"泛滥问题，有碍人类安全和可持续的利用太空。

太空垃圾，又称"太空碎片"，包含寿命已尽而报废、或因事故和故障而失控的人造卫星，发射各类航天器时使用过的火箭及其部分零件，多级火箭分离时产生的碎片，以及大块碎片相互碰撞后产生的小碎片，甚至宇航员遗失的手套和工具等物品，它们飘荡在太空轨道之中，直接威胁航天器运行安全。20 世纪 80 年代，美国航空航天局曾展开太空碎片危害性实验，以探究碎片可能对航天器造成的损害与威胁。该局研制了一款可自由飞行的十二面柱体航天器，并将其命名为"长期暴露装置"，用于检验近地轨道环境下航天器材料和系统的稳定性并检测太空碎片撞击的影响。1984 年 4 月，"挑战者号"航天飞机承载"长期暴露装置"升空，并将其释放至近地轨道，1990 年"哥伦比亚号"航天飞机将其回收。经检查，该装置表面仅肉眼可见的撞击凹痕便已超过 3.2 万个，这意味着"长期暴露装置"平均每天会被撞击 15 次。[①] 换言之，这一装置每绕地球一周便会遭遇一次太空碎片撞击，可见太空碎片威胁着航天器的安全运行。

早在 1978 年美国科学家唐纳德·凯斯勒便曾提出一种理论假说，即当在近地轨道运转的物体密度达到一定程度时，将致使这些物体在碰撞后产生的碎片能够形成更多的新撞击，带来级联效应，这或将使得太空中形成碎片带，致使人类至少在此后数十年内无法再向太空发射任何航天器。2011 年，美国国家科学委员会对绕地球的太空碎片数量发出警告，估测碎片数量已达到此种"临界点"，轨道上的碎片将发生碰撞，从而制造更多太空碎片。2022 年俄罗斯航天局观测，太空中大于 10 厘米的太空碎片超过 2.5 万个，毫米级的碎片已需以亿计数。当前，这些太空碎片已对航天器安全构成了极大的威胁。即便是肉眼所无法辨识的微米级碎片，因其数量庞大，撞击概率高，在碰撞累积后，亦可致使航天器部分元件功能下降或失效。航天器遭遇毫米级碎片撞击后，还会出现舱壁穿孔或成坑、天线变形，造成舱体泄漏、液氧箱爆炸以及信号失真等问题；而厘米级的太空碎片便足以使得航天器报废；10 厘米以上的碎片则会给航天器造成毁灭性打击。不过，值得庆幸的是，当前的监测技术条件已可定位 10 厘米以上的碎片，能够有效帮助卫星规避碰撞。

二、"飞来横祸"：太空垃圾引发的事故

1983 年美国"挑战者号"航天飞机在运行途中，与一枚直径仅 0.2 厘米的太空碎片相撞，"挑战者号"的舷窗被击裂，被迫中止工作任务。1991 年 12 月，俄罗斯失效的"宇宙 1934 号"卫星与本

[①] 赵洋：《太空垃圾运行速度每秒 6—7 千米，有什么危害？》，光明网，2017 年，https://kepu.gmw.cn/2017-06/27/content_24901957.htm。

国另一卫星"宇宙926号"释放出的一块大碎片相撞，前者一分为二，后者则被撞成无数不可追踪的小碎片。1996年6月4日，欧洲航天局研发的"阿丽亚娜5号"火箭于首次测试实验时发生意外，其进入轨道之后不久便爆炸，解体成564块直径10厘米大小的残骸和2300块小碎片，在绕地球轨道上飞行。此次爆炸事件致使两颗日本通信卫星"命丧黄泉"。法国"樱桃"电子情报卫星也遭到"阿丽亚娜5号"火箭碎片以3.1万千米的时速撞击，卫星主体未受损伤，但其用于观测的桅杆被撞断，致使"樱桃"卫星运行异常，被迫停止工作。2009年7月，俄罗斯航天部队的废弃卫星"宇宙2251号"与其时美国尚在同步运行的"铱星33号"卫星在西伯利亚泰梅尔半岛上空约776千米处相撞。事故产生了数千颗空间碎片，分布在距地高度约为500千米至1300千米的太空中，形成两个碎片云。

除空间碰撞之外，亦有太空碎片坠地事件发生。1977年10月，苏联航天局刚发射不久的"宇宙954号"核动力卫星因不明原因失控、脱离轨道。1978年1月24日，"宇宙954号"核动力卫星坠毁在人烟稀少的加拿大西北部地区，其携带有30千克浓缩铀，可供制造3个核弹头。该卫星坠毁致使大量高放射性碎片散落在加拿大的纳武特、阿尔伯塔和萨斯喀彻温等地区。为应对该卫星坠落可能造成的核泄漏、扩散威胁，加拿大同美国达成联合救援和紧急行动协议，决定在"宇宙954号"落地后，开展残骸搜寻工作。联合行动小组开展了近2个月的地面搜索行动，共发现12颗大碎片，其中放射性最强的碎片，其辐射水平约为每小时500伦琴，这意味着它足以在几小时内杀死一个与之接触的人。这一代号为"晨光行动"的卫星碎片搜索行动耗费了加拿大1400万加元，美国亦支出了250万美元。根据1972年的《空间责任公约》，"将物体发射到太空的国家应对该物体造成的损害负责"。1981年4月2日，经加拿大与苏联协商，苏联决定赔偿加方300万加元。不过，至苏联解体时，该赔偿款仍未能兑现。

　　太空碎片坠地概率与航天器发射频率成正比，随着各国航天器愈加频繁地进入太空，太空碎片坠地甚至伤人的概率也在加大。2022 年，加拿大不列颠哥伦比亚大学有研究团队预测未来十年，火箭残骸等太空垃圾进入大气层、坠落地面造成人员死伤的概率至少为 10%。加拿大研究团队分析，1992 年至 2022 年这 30 年间，至少有 1500 枚火箭的残骸脱离轨道，其中约七成处于不可控状态，且在高度不足 600 千米的低轨道上绕行并存在掉落危险的残骸有651 个。

三、太空垃圾治理

　　在太空垃圾治理方面，国际合作亦在逐步推进。鉴于太空物体发射量大，太空碎片增多，1993 年，美国航空航天局、欧洲空间局、俄罗斯航天局等共同发起机构间空间碎片协调委员会（IADC）。当前，该委员会已有包括中国、英国、法国等在内的 14 个成员，交流、合作、共商太空垃圾治理问题。2002 年，联合国通过《和平利用外层空间委员会空间碎片减缓准则》，向发射国提出 7 条准则意见：限制在正常运作期间分离碎片，最大限度地减少操作阶段可能发生的分裂解体，限制轨道中意外碰撞的可能性，避免故意自毁和其他有害活动，最大限度地降低剩存能源导致的任务后分裂解体的可能性，限制航天器和运载火箭轨道级在任务结束后长期存在于近地轨道区域，以及限制航天器和运载火箭轨道级在任务结束后对地球同步区域的长期干扰。上述准则意在通过减少产生与飞行任务有关的空间碎片和避免分裂解体，减缓太空碎片问题。根据这一准则，美国航空航天局、中国国家航天局、欧洲空间局等国家和组织都制定了相关政策与技术标准，努力减少太空碎片。

　　在国家间合作之外，也有不少国家政府支持商业性航空公司研发太空垃圾清除技术，定位、抓捕、焚毁或回收太空碎片，以减缓太空垃圾问题。

　　清理太空碎片，首先需定位、追踪其在空间中的位置。2008

年，美国空军太空项目负责人宣布，美方将利用天基太空监视系统、"太空篱笆"系统等技术定位、减少太空垃圾。其中，关于"太空篱笆"系统建设，美国早在 1957 年便开始筹备系列雷达发射机和接收器。这一系统的工作原理是通过接收穿越篱笆的目标回波，测量目标的位置、轨迹和速度矢量。2019 年，美国对"太空篱笆"系统进行更新迭代，新的空间监视系统主要由探测雷达站和作战指挥中心两部分组成。其中，探测雷达站以马绍尔群岛夸贾林岛礁的陆军罗纳德·里根弹道导弹试验场的雷达站为主站，以澳大利亚西部安提瓜地区的雷达站为备用站。同年 12 月，该系统开始试运行。

天体探测望远镜在使用上存在弊端，其仅可在夜晚使用。2020 年，科学家发现了可在晴朗的白天追踪太空碎片的新办法。一科研团队在《自然通讯》杂志上发文，其制作了一个带有滤光片的特殊成像系统，可通过比较太空碎片与星星的反射光亮度，发现、确认太空碎片位置。这一新监测系统的应用，打破了监测太空碎片的时间限制，且可实时修正位置，大幅提高了监测太空碎片的效率，为清除太空碎片、卫星发射和规避任务提供便利。

不少国家和机构均尝试积极探索太空碎片清除技术。1985 年英国萨里大学同空客等企业共同出资成立萨里卫星技术有限公司（简称"萨里公司"）。1996 年萨里公司在其研发的"樱桃"卫星遭遇太空碎片撞击后，便积极开发太空碎片清理技术。2010 年 3 月，萨里大学科学家提出利用"立方帆"清理太空碎片。该卫星展开后会形成一块 25 平方米的塑料薄膜，可在地面人员的引导下利用自身的动力靠近太空碎片，一旦完成对接，便可展帆，将太空碎片拖离轨道，并坠向地面。其后，萨里公司通过汇集法国团队开发的激光雷达测距系统、英国团队研发的捕捉卫星的鱼叉枪装置，以及由德国团队研制的可以在微重力条件下对称打开并紧紧缠绕住目标以拖拽掩埋太空碎片的"网"等技术产品，展开清除太空碎片项目技术实验。该项目抛弃由火箭搭载太空碎片清理装置进入太空的常规部署方法，计划采用由国际空间站提供货物和补给的"龙号"飞船搭载清理装置进入空间站，并由站内宇航员和机械臂一同释放到轨道上的办法。如此，可降低成本和发射失败的风险，但若任务途中，捕捉太空碎片的"网"缠绕住空间站的某个舱室，亦会造成事故。为此，该项目技术人员多次向美国航空航天局确认项目的安全性，并最终取得发射许可。2018年6月，该项目主星纳米卫星被送往太空，并由国际空间站释放。该卫星既可弹射出用于捕获太空碎片的"网"，又可投射"鱼叉"，用以捕捉体积更大的太空碎片。在完成太空碎片清理任务后，卫星将会展开离轨帆，携带垃圾坠落地球。同年9月，该项目完成第一次渔网捕获实验。不久之后，鱼叉枪装置击中碎片实验亦成功。经评估，该项目未来计划用于欧洲航天局失控的环境卫星。

2010年，美国航空航天局亦展开太阳帆清理太空碎片的可行性研究实验。11月，其发射"快速、经济、科学与技术"卫星，并由其携带纳米帆-D卫星。经过2个月的航行，2011年1月，纳米帆-D卫星最终从母舰航天器内弹出，在地球上空650千米处成功展开太阳帆，开展绕地航行。2018年，美国纽约伦斯勒理工学院机械航空航天及核工程教授库尔特·安德森率领的工程师团队正研发一种立方体卫星，作为"废弃航天器捕获和移除器"。根据预想，该卫星能够以低廉的成本搜寻和收集轨道上最危险的碎片，且无需地面人员进行过多指导。其成品预计约30厘米长、10厘米宽，将内置导航和通信设备、动力推进和热力控制系统，以及4个发射网炮管，可以利用机载网络和缆绳，搜寻和收集碎片。

2012年2月，瑞士航天中心启动清理太空垃圾的"清洁太空一号"设计研发项目，计划制造带有柔性抓捕机制的3U立方形。2013年，欧洲空间局参与到该项目的研发中。此后，"清洁太空一号"卫星总体发射、设计方案几经变易。2015年，瑞士航天中心公布的设计方案中，其决定增大立方形的外形及质量，并将抓捕太空碎片的装置更换为可展开的体装式蛛网捕捉器，以降低卫星精确视觉定位的难度。2018 年，在瑞士航天中心的支持下，"清洁太空一号"研发团队组建瑞士清洁太空公司，以进一步推动这一项目的研发与商业化。次年，欧洲航天局签署合同，购买该公司团队清除太空垃圾的服务。根据该合同，太空垃圾清洁卫星"清洁太空一号"将于 2025 年由"织女星－C"火箭搭载进入太空。其将在完成 500 千米高度轨道上的测试后，改换轨道，利用四重机械臂，开展对"织女星"运载火箭二级的有效载荷适配器"维斯帕"的交会和捕获工作。

2014 年，澳大利亚光电系统控股有限公司提出利用激光追踪并消除太空垃圾的计划。第一阶段中，由洛克希德·马丁空间系统公司负责建设激光追踪站，由地面激光器追踪最危险的太空碎片，以期帮助商业及政府卫星躲避碎片。第二阶段，则是利用激光消除部分太空碎片，尤其是尺寸为 5 厘米至 10 厘米的小碎片。该公司希望利用激光击中碎片一侧，将其推入衰减轨道并最终在大气中烧毁。2019 年，澳大利亚光电系统控股有限公司宣布，其已研发出一种能将地球表面危险的太空碎片打飞到轨道外的强大镭射。这一镭射系统，由两种镭射光组成：一种镭射光为明亮的橘色激光束，负责瞄准特定太空碎片，另一种镭射光则负责提升镭射的准确度，其中后者可被射出轨道，进入更深的空间。这一系统会在映射大气后，以每秒更新数百次的地图为基础，变换地面的镭射光束，这使其能完美掌握宇宙空间并击中碎片。

日本宇宙尺度公司亦积极推动研发太空碎片清理技术，发掘、演示太空碎片清理所需的核心技术，并开展清理实验。该公司设计的"宇宙尺度送终服务—验证"（ELSA－d）项目，其目标是为卫星运营商提供航天器回收服务，展示碎片对接和清除所需核心能力。该项目由两个航天器组成，一为服务器卫星（约 175 千克），另一则为客户卫星（约 17 千克），两者共同发射。其中，在服务器卫星上，配备有近距离会合技术和磁性对接系统，客户卫星则是一块仿制碎片。该项目中，服务器将在一系列技术演示中反复释放并与客户对接，证明有寻找并与失效卫星和其他碎片对接的能力。演示包括客户搜索、检查和会合，以及非翻滚式和翻滚式对接。2021年3月，ELSA-d卫星搭载俄罗斯"联盟号"火箭进入地球低轨道。8月25日，该项目的客户星进行了首次释放和捕获作业，成功测试了其使用服务者的磁性捕获系统捕获其客户航天器的能力。同年9月，宇宙尺度公司与美国火箭实验室合作发射"宇宙尺度主动碎片清理"（ADRAS-J）航天器，并计划于2023年由火箭实验室的电子火箭搭载升空。这一商业清除碎片示范项目将是世界上第一批清除轨道上大规模碎片的技术示范之一。在第一阶段中，ADRAS-J航天器在升空后，将同客户空间物体接触，即与一个日本末级火箭体会合，并将获得该物体的图像和其他数据，提供观测信息以更好地了解空间碎片环境。

受欧洲航天局启发，2021年俄罗斯Start Rocket公司宣布其正在研制一款名为"泡沫碎片捕捉器"的小型自主卫星。该卫星可利用粘性聚合物泡沫抓取太空碎片，并使其脱离轨道，之后大气阻力将会作用于被捕获包裹的碎片，将其消解。该项目第一阶段任务为确定泡沫配方并在地球上进行测试，第二阶段任务目标则是发射一立方体卫星，对地球轨道上的抓取样本喷射泡沫，检验泡沫在太空环境下是否能实现抓取效果。

此外，亦有航天科技公司希望将太空碎片"变废为宝"，据加拿大媒体报道，其国内一创业公司——海上发射服务公司已同太空服务公司纳诺拉克斯展开合作，研发可重复使用太空中旧火箭零件的方法。两公司设想，利用海上发射服务公司的火箭搭载焊接机器人，收集、翻新废弃的火箭上层材料，用以建设新的太空轨道设施。不过，相较于当前的技术水平，这一想法若要真正实现，还需等待技术水平的进一步提升。

第四节　小行星防御

一、小行星防御概况

（一）小行星的定义、分类及分布

小行星，指围绕太阳运行，尺寸为 1 米至 800 千米，且不易释放出气体和尘埃的天体[①]，一般被认为是由太阳系形成时期的微行星演变而来。太阳系内的小行星主要分布在火星与木星轨道之间的小行星带和木星轨道以外的柯伊伯带。天文学上将距离地球0.3AU[②]范围内的小行星定义为近地小行星（NEA），分为地内型（Atrias）、阿登型（Atens）、阿波罗型（Apollos）、阿莫斯型（Amors），又将其中距离地球最小轨道距离在 0.05AU 且直径大于140 米的小行星定义为对地球构成"潜在威胁的小行星"。截至2023 年，经观测发现的小行星有 1278299 颗，近地小行星多达32237 颗[③]，其中对地球构成威胁的小行星占百分之十左右，并且由于太阳系内大天体对轨道的影响和观测技术的发展，这一数据还在逐年增长。

小行星对人类的威胁不如火山喷发、地震、海啸等此类自然灾害频繁，以至在大众认知中其存在感较弱，但事实上，小行星撞击的事件并不似想象中那么遥远，地球这颗蔚蓝色星球伤痕遍布——南非弗里德堡陨石坑、澳大利亚里亚戈斯峭壁以及加拿大索德柏立盆地、曼尼古根湖、深水湾都被认为与小行星撞击事件相关。约6500 万年前，一颗直径在 10 千米至 13 千米的小行星以 20 千米每秒的速度撞向地球，在墨西哥希克苏鲁伯形成直径约 198 千米的陨

---

① 龚自正、李明、陈川、赵长印：《小行星监测预警、安全防御和资源利用的前沿科学问题及关键技术》，《科学通报》2020 年第 5 期，第 346—372 页。

② AU，天文学单位，1AU 约等于地球到太阳的平均距离，约等于 1.496 亿千米。

③ 数据来自国际天文学联合会小行星中心，https://minorplanetcenter.net。

石坑，扬起的烟尘遮天蔽日。这次小行星撞击事件导致地球上超过一半的生物走向灭亡，也被视为是恐龙灭绝的原因。1908 年 6 月 30 日，俄罗斯西伯利亚埃文基地区发生巨大爆炸，超过 2150 平方千米内的树木被瞬间摧毁，并使西伯利亚和北欧的上空布满了光华闪烁的罕见银云，该事件也被认为与小行星爆炸解体有关。2013 年的车里雅宾斯克事件与 2017 年我国香格里拉上空发生的火流星事件引发了国际社会的忧虑。而就在 2019 年 7 月 25 日，格林尼治标准时间 1 时 22 分，一颗名为 "2019 OK" 的小行星以 24.5 千米每秒的速度与地球擦肩而过，最近处不到地月距离的五分之一。这颗小行星的直径为 57 米至 130 米，若其被地球引力俘获发生撞击，产生的能量将是广岛原子弹的 30 倍，彼时的地球恐怕不太 "OK"。

（二）小行星防御的国际行动

地球所处的宇宙空间绝非 "一方净土"，太阳系内危机四伏。小行星撞击足以引发毁灭性灾难，对全人类乃至全部地球生物的持续发展构成巨大威胁，引发国际社会高度关注，小行星防御体系的构建逐步提上日程。

1995 年，联合国初次举行 "预防近地天体撞击地球" 国际研讨会，明确提出近地天体对地球存在潜在威胁，并建议加强对现有近地天体的监测能力，搜索并跟踪近地天体，评估大型近地天体撞击的可能性。2001 年，联合国外层空间委员会设立行动小组，即近地天体行动小组。2013 年，第 68 届联合国大会决定成立国际小行星预警网与空间任务咨询小组，负责协调全球监测预警工作。2016 年，联合国通过决议，将每年的 6 月 30 日设为国际小行星日，以提高公众认知度。

除联合国外，不少国家以及其他国际组织机构也在致力于小行星监测、预警与防御工作。1991 年，美国航空航天局召开首届国际近地小行星防御大会，1998 年启动了 "近地天体观测计划"，在目前已发现的近地天体中，有 95% 左右归功于该计划。2001 年美国航空航天局设立近地小行星项目办公室，2016 年设立小行星防御协调办公室，负责调用所有太空机构对存在于地球轨道内的小行星、彗星和其他天体进行分类、监测和跟踪，协调各机构与政府，应对潜在威胁。1996 年，日本空间安全协会作为一个志愿组织成立，旨在保护全球环境免受天体与地球碰撞造成的灾难，1999 年成立非营利公司作为官方代表活动，2007 年成立空间卫士研究中心，并定期举办学术研讨会议。英国国家小行星与彗星信息中心于 2001 年成立，用于提供近地天体的数量和位置等信息，评估其撞上地球、造成灾害的概率，并帮助公众建立对近地天体威胁的正确认识。2009 年欧洲空间局启动了"太空态势感知计划"，协调各国地面设备联合监测航天器及存在威胁的近地天体。2007 年俄罗斯成立了小行星、彗星危害工作组，2013 年发生车里雅宾斯克事件后，又成立了小行星防御研究委员会。德国、中国也陆续成立近地天体监测防御机构。

此外，国际宇航科学院自 2009 年来每两年举行一次行星防御会议，对小行星监测预警、轨道偏转防御和撞击地球危害进行评估。国际天文联合会的小行星中心、太空防御基金会等国际组织也为小行星监测预警和防御体系的构建做出贡献。

二、小行星监测预警与防御体系

（一）小行星监测预警

分析近地小行星对地球构成威胁的风险，需要大量观测数据作为支撑。随着技术发展，仅依靠地面光学望远镜进行观测的时代已成为过去式。小行星的监测手段多样化：从观测点来看，可分为地基与天基；从原理上来看，可分为光学观测、红外观测和雷达观测。

尽管天文学界对光学观测的依赖性降低，但这一技术手段仍占有相当重要的地位。光学观测主要依赖小行星表面的太阳光线反射，通过不同时间对同一空域反复照相，确定小行星的位置。地基光学望远镜作为最早投入使用的设备，具有设备成本低、作用距离远但抗干扰能力较弱的特点，目前主要分布在北半球，观测空域有较大限制。天基光学望远镜克服了大多数地基光学望远镜的干扰和位置受限因素，轨道灵活，观测效率高。红外观测是光学观测中的一种特殊技术，主要原理与光学观测相同，但相比常规可见光观测，其抗干扰能力更强、口径要求更低、观测精度更高，并且可用于识别小行星表面材质、温度、反照率等信息。光学观测和红外观测领域中最具代表性的分别是于1990年、2021年发射升空的哈勃空间望远镜与詹姆斯·韦伯望远镜，但二者作为大口径天基光学望远镜，主要任务是深空观测，对近地小型天体只是偶尔观测。

除光学和红外观测外，雷达观测也是重要方式之一，通过微波信号照射目标并接收返回信号进行测算，具有测距、测速精度极高的特点，但作用距离仅在0.3AU内，且需提前知道小行星方位。雷达观测可以获取目标小行星的表面硬度、旋转速度等信息，从而进行成像，于光学观测而言是有益的补充。

美国对近地天体的搜索和监测开始于20世纪90年代，主要由5个近地天体搜索项目构成：林肯近地小行星搜索计划、卡特琳娜巡天系统、探索信道望远镜、泛星计划、大型综合巡天望远镜。林肯近地小行星搜索计划始于1998年，由麻省理工大学林肯实验室主办，美国航空航天局与美国空军共同资助，主要设备是位于新墨西哥州白沙导弹基地的两台1米口径、一台0.5米口径的地基光电深空监控望远镜。这一计划成效卓著，运作期间发现了超过20万个新天体。卡特琳娜巡天系统上线后，接替了林肯近地小行星搜索计划的重任，其目标是确认90%以上的直径大于140米的近地天体。卡特琳娜巡天系统的主要设备是位于亚利桑那州的两台口径分别为1.5米和0.68米的施密特望远镜，以及位于澳大利亚赛丁泉天文台的0.5米口径乌普萨拉施密特望远镜，观测点同时覆盖南北半球，启动以来，已成功对数起小行星撞击或飞掠事件做出准确预测，包括2013年的车里雅宾斯克事件。2012年，探索信道望远镜投入使用，主要关注柯伊伯带的小行星和彗星，其设备是位于亚利桑那州快乐杰克森林保护区的 4.2 米口径望远镜，兼具可见光与红外观测能力，使得探索信道望远镜在明亮的夜空也具有较高观测能力。泛星计划全称"全景巡天望远镜和快速反应系统"，由夏威夷大学天文研究所负责，利用位于夏威夷的四台 1.8 米口径望远镜组成的阵列进行观测，于 2008 年投入使用。泛星计划发现了第一颗"天外来客"——太阳系外天体"奥陌陌"。大型综合巡天望远镜位于智利北部帕琼山的薇拉·鲁宾天文台，是目前最高效的小行星观测设备，也是迄今为止建造的最大的数码相机。它能够观察近紫外到近红外（0.3 微米至 1 微米）波长的光，并提供高达 3.5 度的视场，每 3 天就能实现一次全天域观测。其主要目标包括寻找太阳系内小型天体，侦测暗物质、暗能量以及光学瞬变现象，并对银河系进行观测。此外，美国还于 1963 年建造了位于加勒比海区波多黎各的阿雷西博射电望远镜，经 1980 年扩建后口径达 350 米，可利用雷达进行小行星探测。2009 年，美国发射了搭载 0.5 米口径望远镜的天基大视场红外巡天探测卫星，执行任务期间发现了 3 万余颗小行星。隶属于美国航空航天局的喷气推进实验室也设立近地小行星红外检测项目，实时对监测到的小行星飞掠或撞击事件发布预警。

欧洲空间局对小行星的监测主要依靠近地天体协调中心，通过太空态势感知计划、虫眼望远镜以及盖亚探测器实现。2014 年开始修建的虫眼望远镜利用类似苍蝇复眼的技术，将图像分成 16 个较小的子图像以提供极大的视野——约 45 平方度，可以实现全自动扫描天域并识别、记录新近地天体。2013 年欧洲空间局发射盖亚探测器，其目的是对银河系 10 亿颗恒星进行精确测量，借由盖亚传回的数据绘制的银河系多维地图是迄今最详尽的，它在小行星观测上也起到一定补充作用。此外欧洲南方天文台的甚大望远镜及其组成的巡天阵列、极大望远镜等设备也起到了良好辅助作用。2013 年，加拿大国家航天局发射了近地目标监视微卫星，是目前唯一的监测小行星的专门卫星。日本也组织地面望远镜进行联合巡天活动，2006 年发射的"光"卫星利用红外观测形成详细的红外全天数据图像，已发现超过 50 万颗小行星。俄罗斯也利用各类光电网、雷达设备、巡天望远镜进行小行星监测。

国际天文协会小行星中心是小行星监测的"中枢神经"，负责接收并整合来自全球 50 余个国家和国际组织机构提供的数据，处理、发布所有小行星、彗星的个体信息及轨道数据，提供轨道比较工具和检索服务，并对可能发生的飞掠、碰撞事件发出预警。目前预估已完成对太阳系内 90% 直径在 1 千米以上小型天体的监测记录。

（二）小行星防御体系

小行星防御除了需要大量监测和预警数据作为支撑，还需要可靠的风险评估体系以达到重点防御，以及有效的防御技术手段。

目前国际通用的小行星风险评估体系主要有两种：杜林危险指数和巴勒莫撞击危险指数。前者将风险分为 0—10 共 11 级，用 5 种颜色区分，0 级为白色无危险，1 级为绿色正常，2 级至 4 级为黄色须引起注意，5 级至 7 级为橙色威胁警告，8 级至 10 级为红色必然发生撞击警告。后者的分值通过巴勒莫计算公式得出，计算更为严谨。

而目前的防御技术手段主要分为两类，分别针对预警时间短和预警时间长的情况。前者通过与小行星直接接触使其解体或改变轨道，后者则通过直接或间接接触，进行长期牵引以改变其轨道。

对预警时间短的小行星来说，主要采用核爆技术和动能撞击技术，分别应对尺寸大的小行星和尺寸小的小行星。核爆技术是目前最快捷有效的防御技术，通过直接炸毁目标小行星，或者利用爆炸产生的喷射物质改变其轨道从而达到防止撞击发生的目的。根据目标小行星的体积、形状、材质等，又可分为表面爆炸、穿透爆炸和对峙爆炸三种形式。表面爆炸即将核弹布局在小行星表面，通过爆炸产生的能量引起其解体。穿透爆炸则是在表面爆炸的基础上将核弹置入小行星内部，可以有效节省爆炸所需能量。这两种方法都可能导致小行星解体后产生不受控碎片，依然存在风险。对峙爆炸则是在小行星外一定距离处部署核弹，通过引爆时产生的冲击力及喷射物质使小行星发生偏转。这种方法需要的爆炸能量更大，但可以有效规避碎片风险。动能撞击技术是利用撞击器撞击目标小行星，使其轨道发生偏转从而预防撞击地球事件发生。撞击器可选择航天器或在轨卫星，具有方法简便、启动速度快、技术成熟、效果明显的优点。美国在这一方面已做过实验，对这一技术进行了验证。

对于预警时间较长的小行星而言，所需采取的技术也需要更长的起效时间，且当前此类技术并不成熟，验证实验也较少。目前，属于这一类的技术有引力牵引技术、太阳光压技术、拖船技术、激光烧灼驱动技术、质量驱动技术、离子束偏移技术等。引力牵引技术是通过航天局在距离目标小行星一定距离上保持稳定航线，利用万有引力作用持续牵引小行星，从而使其轨道发生缓慢改变达到预防撞击的效果。这种技术无需直接接触，故而对小行星的形状、材质不用多加考虑，但要求负责牵引的航天器具有较大质量和优秀的姿态控制能力。太阳光压技术是利用雅科夫斯基效应实现的，这一效应是指太阳光照产生的光子力使小行星的轨道半长径发生改变的现象[1]。雅科夫斯基效应的合力一般指向收到光照的拂晓面，但还会受到小行星的形状、材质、转动姿态和转速影响，所以测量难度较大。太阳光压技术要求航天器接近目标小行星并进行喷涂，利用减少或者增加反照率的涂料改变雅科夫斯基效应的合力，进而改变其运行轨道。但雅科夫斯基效应产生的力往往十分微弱，这一技术手段的实施难度较大，短期效果也不明显。拖船技术是通过航天器与目标小行星接触并固定，再利用航天器的推进力改变小行星轨道。这一技术的实施难度较小，但需要考虑小行星自身的旋转姿态，且需要航天器有较大推进功率并携带大量推进剂。激光烧灼驱动技术是通过激光烧灼目标小行星表面，引起等离子体喷射，从而改变小行星轨道。这一技术已经用于部分空间碎片的清理，相对成熟高效，但尚未在小行星上进行过实验，并且对激光发射器的功率要求较高。质量驱动技术是通过在小行星表面部署仪

---

① 姜浩轩、季江徽：《小行星热物理及 Yarkovsky 效应和 YORP 效应的研究进展》，《天文学进展》2018 年第 3 期，第 213—231 页。

器，将其自身表面物质向外喷射获得反作用力，从而改变小行星轨道。这一技术与拖船技术原理相似，且不需自备大量推进剂，但实现难度高，成熟度低。离子束偏移技术是通过离子推进器持续定向产生离子束对小行星表面进行照射，产生作用力从而改变其运行轨道。这一技术在航天器和小行星外形上的限制较低，但产生作用力较小。

总体而言，国际社会对太阳系内小行星的分布状况的掌握日趋全面，具备了较好的监测和预警能力，对小行星可能产生的威胁也已经有了初步的防御能力，核爆技术和动能撞击技术已经趋于成熟，足以应对大部分状况。但整个地球的小行星防御体系还仅仅处于起步阶段，距离构建起预警全面、技术高效乃至自动化的防御体系，还有漫漫前路。

第五节　未来太空战

一、物质基础

航天技术的迅猛发展，不仅打开了对外层空间开发和利用的通道，同时也把太空变成了一个重要的军事领域。21世纪以来，随着军用航天器的迅速发展，各国充分运用高技术武器装备，在广阔的太空开辟出新的战场，进行了前所未有的军事对抗。

（一）天军的建立

军队因战争而生，也因和平而存续，逐渐成为现代军事力量的基础和脉络。从海军、陆军、空军，再到天军的提出，作战部队的多样化和一体化，不断改变着人类的作战思维。

天军就是以航天司令部为中心、由经过特殊训练的宇航员组成的太空作战部队，主要包括航天发射部队、航天测量跟踪管理部队、防天监视作战部队和军事宇航员部队等。追溯历史，不难发现，"天军"的提出及其形成过程隐藏在世界政治发展的脉络中。早在60多年前，以美国和苏联为代表的一些国家，已在积极探讨建立天军的可能性和途径。20 世纪 60 年代初期，美国将原来主要用于对付远程战略轰炸机的北美防空司令部，扩展成为以对付洲际弹道导弹、潜射弹道导弹为主的防天防空系统，其作战区域由大气层扩展到外层空间，空间监视、战略预警和攻击判定成为它的主要任务。相应地，苏联也成立了空间防御司令部。这些组织机构的出现，几乎可以看作天军诞生的先兆。20 世纪 80 年代以后，相关国家开始真正建立具备一定规模的天军，其筹建活动进入了一个新的阶段。美国在 1985 年成立了全美航天司令部，标志着美国天军的诞生。1993 年，其又建成太空战争研究中心，负责进行大规模的太空军事演习。美国的种种做法迫使俄罗斯迅速采取措施，加快了对天军的组建步伐。2001 年，俄罗斯将军事航天部队和太空导弹防御部队从战略火箭军中分离出来，组建成了一支9 万人左右的航天部队，负责发射各种军用航天器和打击敌人的太空武器系统。随着时代的进步，美国、法国、日本等国陆续组建并完善太空作战部队，不断加强自身太空作战实力，力求加入到太空作战行列之中。

太空作战部队的建立正是战争发生的重要前提之一，演变至今，其日益承担着太空战场和地面战场的双重作战任务，成为一支不容忽视的两栖作战力量，于无形中提升了大战发生的紧迫感。

(二) 武器及平台现代化

纵观人类战争史，武器装备是影响战争成败的重要因素。目前，太空领域的侦察、预警、导航、通信卫星技术已相当成熟，攻击性的天战兵器虽多数仍处于试验阶段，但也有少数武器系统已接近实战水平。

太空战所使用的武器系统大致可以分为定向能武器系统、动能武器系统和太空雷系统等。定向能武器被称为"未来战争撒手锏"，近年来成为各国竞相发展和运用的重点，逐渐融入各国作战体系。定向能武器通过利用某种方式在物体表面产生极高的能量密度，从而产生强大杀伤力，使敌方的人员和电子设备、武器等受到伤害或丧失工作能力，具有能量大、速度快、精度高的优势。目前较成熟的定向能武器是激光武器，其也是较为理想的太空武器。与定向能武器不同，动能武器不是靠爆炸、辐射等物理和化学能量去杀伤目标，而是借助动力学原理，发射出超高速运动的弹头，利用弹头的巨大动能，在与目标短暂而剧烈的碰撞中杀伤目标。正是动能武器的工作原理和杀伤机理有别于其他武器，且能大幅度提高作战效能，因而其被视作一种完全不同于常规弹头或核弹头的全新概念的新式武器。总体而言，越来越多的国家加入到太空武器的研发中，无论是传统武器的升级换代，还是新式武器的蓄势待发，都意味着军事对抗的节节升高。

太空武器的研发取决于空间技术的发展，未来可能出现的武器系统仍是不可预测的。同时，由于太空武器所具有的毁灭性打击能力，太空武器的研发既面临着技术上的挑战，也易引起其他国家的质疑和担忧。

作战平台则按其所处的空间可分为地基、空基和天基等类别。其中，在太空部署天基平台，一方面，可以占据高度优势，较少受到大气和地形环境影响，具有长期的持续作战能力；另一方面，其运行轨道可以覆盖地球表面大部分范围，能够合法地经过或驻留在他国领土上空进行军事活动。作战平台既可用于部署、维修、回收各种军用卫星，也可用于对太空武器进行太空校试及操纵各种设备进行太空侦察；既可成为空间基地及作战指挥中心，也可用作航天器停靠的码头；既可做军事作战的天基支援保障系统，也可做太空作战部队的营盘。除此之外，作战平台还可直接作为航天战斗机或航天机动舰队进行太空战，攻击空中、地面、海上目标，在太空战争中发挥重要作用。比如，航天母舰就是一种空天一体的、以舰载机为主要武器的大型太空舰艇，同时还可搭载多种武器系统，具有作战范围广、空中力量投送快、高度隐蔽性以及强大的科技支持与创新潜力等优势，不仅可以统一调度、指挥各种航天器上的宇航员进行太空作战，还可对数百千米范围内的敌对目标实施搜索、追踪、锁定和攻击，真正做到全天候、大范围、高强度、长时间的连续战斗，有望成为未来战争的关键力量。作战平台还包括太空轰炸机、载人飞船和空间站等，这些作战平台最终经多层部署，构成了太空战场的基本面貌，从而获得参与太空战争这一崭新样式的基本规则和必要前提。

如果将作战武器比作人的四肢，那么作战平台就好比人的大脑，在专职进攻的同时，提供了统一的指挥和调度。随着太空技术的发展，新军事技术革命几经高潮，相关作战武器及平台不断推陈出新，成为军队战力的倍增器。

（三）高度协调自动化

战争不仅是暴力对抗的过程，实际上也是敌对双方循环获取、传输、处理、控制与利用信息的过程。获取信息优势的一方，如果能够同时得到足够的、够得着的火力系统，其赢得军事胜利的概率就会大增。因为卫星在信息的获取、传输、控制和使用中占据重要地位，所以太空系统为现代武器系统提供了陆、海、空、天一体化的战场信息网；同时，太空系统本身就可以充当火力系统，或者成为火力系统的运载平台。因而，太空系统兼有信息系统与火力系统的功能，太空日益成为重要的军事必争之地。

太空战是指敌对双方在外层空间进行军事对抗，并为陆战、海战、空战提供军事支援，具有高度自动化、高度协调的整体作战体制的优势。太空武器作为侦察系统、通信系统、指挥系统、控制系统、武器打击系统及供应系统互相连接而成的高度自动化系统，可使作战行动，如目标识别、地形判断、目标攻击及反干扰等自动协调地完成作战任务。具体而言，太空武器可与地面进行协调作战，如利用空间站作为天基平台，发射定向能武器或动能武器，摧毁飞机、导弹、地面坦克群、导弹发射阵地等，从而提高作战效率和目标打击的精确度。

未来的太空战必定是陆、海、空、天一体化的战场。显而易见，在未来的太空作战行动中，信息网络的控制强度将会影响到太空作战协调自动化的程度，从而深刻影响到夺取陆、海、空多维空间自主权的成败。

二、开战可能

(一) 冲突失控与升级

由前所述，由于太空缺乏危机管控协调机制，太空军备竞赛极易导致太空冲突的失控与升级。目前，一些大国间签订了海空领域避免军事冲突的协定，使得在海空领域出现危机时保有沟通的渠道，但大国之间并没有在太空建立类似机制。一旦在太空出现危机或冲突，没有相应的机制作为依据进行处理，很容易擦枪走火，从而使太空成为战场。同时，现有国际太空机制只限于禁止在太空部署核武器和大规模杀伤性武器，却并没有明确限制在太空进行交战，侧面表明使用非上述两类武器的太空军备在太空进行交战符合国际武装冲突法，这就很容易使太空变成战场，且一旦在太空出现军事冲突，将难以控制，容易导致战争升级。

2018 年，特朗普政府开始组建太空军并加大太空军备研发力度，这明确表明美军不再视太空作战为构想，而是实实在在地从战术层面提升太空军的作战水平。2019 年，北约峰会把太空作为作战领域，世界上最大的政治军事组织也把发展太空军备作为进行太空作战的手段与工具。这一系列行为的背后或许都意味着，随着时间的推移，以太空为主要战场、以太空武器为主要力量的太空战是有可能出现的。

(二) 首攻稳定性下降

格莱恩·肯特和戴维·泰勒于 1989 年提出了首攻稳定性的概念，将其理解为危机稳定性的一种特例。危机稳定性是指两个国家因冲突而陷入危机、又不太愿意向对手发动先发制人打击的状态，而首攻稳定性则侧重考虑双方的部队态势、能力与弱点之间的平衡，以决定在特定心态下是否发动首先攻击的情况。

太空领域首攻稳定性的形成基础包括以下几方面的内容：其一，太空系统对地面作战能力提供的重要支持会给潜在对手造成极大威胁，与此同时，卫星等太空资产对拥有攻击能力的敌人几乎没有什么防御能力。因此，在太空可能出现战争的情况下，双方都会趋于首先发动进攻。其二，考虑到国家在轨道设施上的巨大投入和受太空系统支持的许多安全与经济职能，太空威慑失效即使不会造成灾难性的后果，也会带来非常严重的负面影响。其三，目前全球经济彼此依赖，且许多太空系统属于多国拥有，太空战的发生会给其他国家造成影响。如针对卫星进行动能攻击，会给重要的太空轨道留下大量碎片。其四，太空领域的威慑具有一个失效临界点，如果超越这个界线，将会导致报复、后续攻击和冲突快速升级。因此，相关国家对在太空首先发动进攻仍持观望态度。

然而，随着太空拥挤加剧、太空军民结合加深、大国关系紧张等问题的出现，太空意外事故引发误判和冲突升级的风险上升，极易造成首攻稳定性的下降。而首攻稳定性一旦下降，一些太空弱国考虑到对方拥有的太空武器对自身弱小的太空资产的进攻性危害，极易铤而走险，从而导致太空威慑失效，爆发太空大战的可能性大大提高。拥挤的太空环境需要足够的信息透明和合理的交通管理机制，但是国际社会目前非常缺乏这类公共产品。一方面，一些大国并不愿意暴露实力，更不愿意为对手服务；另一方面，一些国家妄图以此采取恶意行为，或借此试探他国的太空感知能力，使用民用卫星进行恶意接近、网电干扰，乃至毁伤他国卫星，这些危险行为将进一步加剧发生太空事故的风险。可以预想，在太空拥挤加剧的未来环境中，当不同国家的卫星在交汇的轨道上接近时，仍无法排除有的国家很可能会因沟通不畅而发生意外；而战略猜疑将导致意外被误判为恶意行为，进一步引发误判和冲突升级。此外，太空武器的部署使敌对双方彼此误判的风险大大增加。在环境复杂、恶劣的太空中，随着卫星的增多，偶发电子干扰明显增多，空间意外事件频发，而现有的技术水平还不能区分卫星失效是由故障、碎片撞击还是由蓄意攻击造成的，一旦误判，将会引起严重后果，使战争迅速升级。

总而言之，现有国际机制无法处理涉及太空交战的问题，为太空成为战场埋下了隐患；同时，太空又涉及反导与战略核力量，偶发的太空事故很容易引起太空军事冲突乃至核战争，太空战火恐成燎原之势。

三、和平前景

　　真正的太空大战还未到来，人类只能通过想象和预测描绘，但显而易见的是，太空战争的后果仍是不堪设想的。人类目前就面临着太空武器化、太空垃圾等治理困境，而太空战争一旦爆发，其产生的碎片可能会让人类再也无法利用太空，彻底阻断人类探索宇宙的途径。

　　尽管宇宙和平悬而未决，但也有观点相信，人类能够处理好太空中的潜在争端。英国威塞克斯布朗特研究所的太空安全学者威廉·菲尔波特在给记者的电子邮件中曾指出："没有理由对太空安全的未来悲观……当前还没有可行的太空商业计划。我看不到外太空对立能带给任何人好处。开采月球的核燃料或许能盈利，但那至少将在一个世纪后。……有一些偶然冲突，但不是大规模的……那不会比20世纪70年代签订反导条约所要对付的情况更麻烦。"

　　虽然各国在太空领域面临着安全压力以及恢复互信难度的加大，但正如菲尔波特所言，在相当长一段时间内，外空仍有可能成为国际合作共赢的新疆域，而非各国竞争的新战场。

第五章

太空与商业化

商业秩序正使太空走向个性化，交融着欲望与物质主义价值观，这使太空再次令人兴奋，有助于得到公众普遍关注，并为未来发展奠定基础。

第一节 卫星定位系统

一、多普勒效应与卫星定位系统

1957 年 10 月 4 日，苏联成功发射世界上第一颗绕地球轨道飞行的卫星"斯普特尼克 1 号"，其绕着地球飞行时不断发射无线电信号。次年，美国霍普金斯大学应用物理实验室的威廉·吉耶和乔治·韦芬巴赫就从中发现了一个有趣现象：当卫星靠近时，其发射的无线电信号频率相应增加；而卫星离开时，信号频率又随之降低。这便是物理学上的多普勒效应。

根据多普勒效应，科学家们利用无线电信号便可在地面跟踪卫星的运动。进一步，如果卫星位置可从地面通过其无线电信号的频率偏移确定，那么接收器在地面上的位置亦可通过它与卫星的距离来确定。该理论一经提出便运用到导航系统的开发中。1958 年，为解决潜艇导航问题，美国海军海面武器实验室和霍普金斯大学应用物理实验室开始进行卫星多普勒定位技术研究，随后，又开启了"子午仪"卫星定位系统的组建。该卫星定位系统是美国海军发展的多普勒测频体制卫星导航系统的空间部分，又称海军卫星导航系统，是国际上首个卫星导航系统。通过播发无线电导航信号，它能为美国各类潜艇和海面舰船等提供非连续的二维导航定位服务，并用于海上石油勘探和海洋调查定位、陆地用户定位和大地测量等。

首颗"子午仪 1B 号"卫星于 1960 年 4 月 13 日发射成功，导航卫星的发展进入验收阶段；"子午仪"卫星定位系统在 1964 年 9 月部署完成，交付海军投入使用；1967 年，部分"子午仪"卫星开始允许民用。截至 20 世纪 90 年代初，"子午仪"卫星已成功发射 43 颗。自"子午仪"卫星定位系统研发完成，全球卫星定位系统便开始迅猛发展①。

历经几十年，卫星导航领域形成了美国、俄罗斯、欧洲、中国四大全球卫星导航系统和日本、印度两大区域卫星导航系统的格局。四大全球卫星导航系统分别是美国全球定位系统（GPS）、俄罗斯格洛纳斯卫星导航系统（GLONASS）、欧洲伽利略卫星导航系统（Galileo）、中国北斗卫星导航系统（BDS）。两个区域卫星导航系统是日本准天顶卫星系统（QZSS）、印度卫星导航系统（IRNSS）。全部在轨导航卫星数超过 140 颗，导航定位授时服务性能相较于 20 世纪得到了全面提升，定位精度可达 0.1 米②。

为提升卫星定位系统的完整性和精度，部分国家还开发了星际增强系统（SBAS），使卫星实现对陆地、海洋、复杂地形的信号覆盖。随着低轨卫星产业的发展，卫星制造及卫星发射的成本逐渐降低，导航精度不断提高，星际增强系统逐渐成为卫星导航增强定位的主要发展方向，其中比较典型的有美国的广域增强系统（WAAS）、俄罗斯的差分改正监测系统（SDCM）、欧洲的地球静止导航重叠服务（EGNOS）、印度的 GPS 辅助型静地轨道增强导航系统（GAGAN）和日本的多功能卫星星基增强系统（MSAS）③。

二、美国全球定位系统

（一）美国全球定位系统的发展历程

初代研发的"子午仪"卫星定位系统，可以提供全天候、全覆盖、全天时的导航服务，开启了人造卫星导航定位的新时代。在"子午仪"卫星定位系统开发后，美国开始了一系列卫星定位系统的研

---

① 刘健、曹冲：《全球卫星导航系统发展现状与趋势》，《导航定位学报》2020 年第 1 期，第 1—8 页。

② 张天桥、高扬、申杰敏：《GNSS 系统中通信服务能力比较与电文播发策略研究》，《无线电工程》2023 年第 5 期，第 1109—1116 页。

③ 王贺、尹玉昂：《卫星导航星基增强系统概述》，《中国无线电》2022 年第 11 期，第 33—35、39 页。

发。1962年，美国航空航天公司总裁格廷博士意识到，星基导航系统在国防及民用领域将大有用处，于是他又设想了一种较"子午仪"系统更精密的定位系统，该系统可以为用户提供全天时、连续的三维定位服务。格廷博士将他的方案直接呈递给美国国防部，最终获得了美国空军的经费支持，该项目即为621B项目。1964年，在美国海军研究实验室科学家罗杰·伊斯顿的领导下，美国海军开启了第二个卫星导航项目"蒂马申"卫星导航系统的研发；1967年5月31日，"蒂马申1号"实验卫星发射；1969年9月30日，"蒂马申2号"实验卫星发射成功。美国陆军为统一美国陆地、岛屿上大地控制点的坐标，提高地形图的精准度，与美国海军联合开发了赛科尔系统。到1972年，美国海军的"子午仪""蒂马申"项目以及美国空军的621B项目已实施几年，取得相当优异的成绩，但仍有极大发展空间。在这些研究基础上，研究者不断努力改善导航卫星性能。

1973年11月17日，美国国防部决定将海军的"子午仪""蒂马申"项目、空军的621B项目及陆军的"赛科尔"项目合并，成立"纳芙斯塔尔"GPS计划联合办公室，由军方联合开发全球测时与测距导航定位系统，并任命空军上校布拉德福德·帕金森为该办公室首任主任[①]。

（二）美国全球定位系统的研发过程及现代发展

美国全球定位系统的研发经历了20年的漫长时间，耗资高达300亿美元。整个系统的建设分三个阶段实施：第一阶段（1973年至1979年），系统原理方案可行性验证阶段（含设备研制）；第二阶段（1979年至1983年），系统试验研究（对系统设备进行试验）与系统设备研制阶段；第三阶段（1983年至1988年），工程发展和完成阶段。从1978年发射第1颗GPS卫星，到1994年3月10日完成21颗工作卫星及3颗备用卫星的卫星星座配置，再到1996年成为军民两

---

① 杨子辉、薛彬：《美国导航卫星的发展历程及其发展趋势》，《导航定位学报》2021年第9卷第5期，第1—12页。

用系统，最终到 2000 年正式面向全球应用，美国全球定位系统的优良性能掀起了导航领域的革命。

现如今，美国全球定位系统已发展到第三代，原先系统为 6 轨道 24 颗卫星的结构和布局，而第三代系统采用 33 颗 GPS-3 卫星构建的高椭圆轨道和地球静止轨道相结合的新星座。在军事领域，美国全球定位系统凭借定位精度高、环境适应能力强、可全天候使用、操作简便、重量轻、便于携带、保密性好、不易被敌方发现等优点，可用于导航、跟踪、攻击性武器的制导、救援、地图更新等活动。同时，全球定位系统产生的巨大经济效益，使其成为美国重要高科技产业。

三、俄罗斯格洛纳斯卫星导航系统

（一）格洛纳斯的发展历程

美国研制"子午仪"卫星定位系统后，苏联科学家也开始重视导航在海军舰艇及水下导弹潜艇中的应用。1963 年，苏联开始研发第一代低轨卫星导航系统——齐克隆卫星导航系统。1967 年 5 月 15 日，齐克隆系统第一颗导航试验卫星发射；1978 年 7 月 27 日，齐克隆系统最后一颗试验卫星科斯莫斯发射。十余年间，苏联共发射齐克隆导航试验卫星 29 颗。1974 年 12 月 26 日，苏联开始发射齐克隆系统工作卫星，亦称帕鲁斯卫星导航系统。1974 年至 2003 年，帕鲁斯卫星共发射 92 颗，并在 1976 年为苏联海军的潜艇及军舰提供导航定位服务。此外，苏联也在制备民用导航系统齐卡达，亦称"蝉"导航系统，并在 1976 年 12 月 15 日发射了第一颗民用导航卫星"齐卡达 1 号"，全球第二个民用卫星导航系统的建设征程由此开始。从 1979 年起，齐卡达卫星导航系统正式面向用户，可用于救援等紧急情况。此后，苏联进一步加大卫星定位系统的研发力度，从 20 世纪 70 年代中期起开始研究格洛纳斯卫星导航系统。

（二）格洛纳斯的研发过程及现代化

格洛纳斯系统的卫星分为三代，即格洛纳斯卫星、格洛纳斯-M

卫星、格洛纳斯－K 卫星①。1982 年 10 月 12 日，第一颗格洛纳斯导航卫星发射。到 1996 年初，由 24 颗第一代格洛纳斯导航卫星组成的全球卫星导航系统建成，能在全球范围为苏联军方提供全天候、全天时的导航定位服务。苏联解体后，俄罗斯继承了格洛纳斯的所有权。第一代格洛纳斯导航卫星的寿命为 3 年，每年需发射两次来维持 24 颗卫星构成的完整星座。但由于 1989 年至 1999 年的经济危机，空间计划投入的资金急剧减少，俄罗斯难以按照一年两次的速度发射格洛纳斯导航卫星，使得在轨的格洛纳斯导航卫星逐年减少，尤其是 1996 年至 1999 年，俄罗斯更是未发射新的格洛纳斯导航卫星。到 2001 年，正常使用的格洛纳斯在轨卫星只有 7 颗。21 世纪初，俄罗斯经济开始复苏，格洛纳斯更新计划开始步入正轨。2003 年 12 月 10 日，第二代格洛纳斯导航卫星发射。2007 年 5 月 18 日，俄罗斯宣布将格洛纳斯导航信号面向全世界民用用户开放。

从 2011 年开始，格洛纳斯开始现代化，并分为空间段和地面控制段两部分。前者包括使用机载软件及星间链路来提高卫星轨道参数及钟差数据的更新速率；校准不同信号、不同频率间及不同通道间的数据延迟；研发新的导航信号 L1OCM、L5OCM；研发新一代星载铷原子钟、铯原子钟和氢原子钟。后者则包括更新数据处理软件，以提高卫星轨道及钟差数据处理精度；部署全球性地面测控站，以提升导航卫星的轨道参数的精度，地面测控站将布设在俄罗斯本土、赤道区域及南极地区；在俄罗斯境内增加数据注入站的个数等②。

经过不断的现代化和创新，格洛纳斯在全球导航卫星系统中占据重要位置。格洛纳斯技术很好地为全球海陆空军队全天候、连续地提供高精度的三维位置、三维速度和时间信息，同时也在民用领域发挥重要作用，广泛应用于各种等级和种类的测量应用、GIS 应用和时频

① 李宏玺：《格洛纳斯（GLONASS）发展概述》，《中国高新区》2018 年第 6 期，第 277 页。

② 陈鹏：《格洛纳斯卫星导航系统的发展历程及其现代化计划》，《导航定位学报》2021 年第 5 期，第 20—24 页。

应用等，致力于向全球用户提供精准的民用导航服务。

四、欧洲伽利略卫星导航系统

（一）伽利略系统的发展历程

为显示对卫星定位系统的重视程度，欧盟在研发全球卫星定位系统后，便以科学家伽利略的名字来命名其卫星定位系统，即为伽利略卫星导航系统。美国在研发出全球定位系统之后，便将其应用在一系列战争中，虽然那时的全球卫星定位系统发展并不算成熟，但还是为联盟军的战机、导弹及地面部队提供了二维和三维的位置数据，在取得胜利的同时极大地减少了战斗人员的伤亡。美国全球定位系统在战争中的作用，让欧盟清晰地认识到，星基导航系统将来必定会对国家安全、国民经济产生重大影响，欧盟不能坐以待毙，应迅速建设属于欧洲的全球卫星导航系统。欧盟随即展开了伽利略卫星导航系统的研制计划。但伽利略系统的导航信号与美国全球定位系统的一个军用信号频率接近，会相互干扰，因此该计划一经提出便遭到了美国强烈反对。经过为期四年的谈判，美国和欧盟于2004年6月26日签署了合作协议，伽利略项目正式开始。

该计划有两个发展阶段：在2005年前，建成欧洲的地球静止导航重叠服务系统并向用户提供高精度导航定位服务；此后，建立拥有完全自主、服务全球的民用全球卫星导航系统，即伽利略卫星导航系统。伽利略系统原计划于2011年试运行，为全球用户提供全天时全天候的公开服务、搜救支持服务及公共授权服务。但直至2016年，伽利略系统才具备了试运行能力，并于2019年具备完全运行能力。

（二）伽利略系统的现代化发展

伽利略系统是第一个独立于军方的民用卫星导航系统，它采用了许多新技术，如精度非常高的星载原子钟、数字信号处理技术及长寿命卫星，地面监控站密布全球，这都使得其导航信号精度超高，导航定位服务性能更优良。且伽利略系统易与其他卫星导航系统实现兼容与互操作，相当于直接增加了导航卫星的数量。它还有两个频段可发送民用信号，服务类型也极其多元化。新一代的伽利略系统更为智能便捷，具备在汽车自动驾驶、无人机及无人艇的飞行控制、精准农业、土木工程测量、地图测绘、紧急搜救等领域提供高精度服务的能力。①

第二节 "星链"

"星链"是由美国太空探索技术公司于 2015 年提出的低轨互联网星座计划，可使美军导航定位系统的精细度和抗干扰能力得到进一步提升。"星链"可用于对洲际弹道导弹弹头的直接碰撞式拦截，还能有效推动军事通信网络和商业通信网络间的无缝切换。"星链"计划的目标是建设一个覆盖全球、大容量、低时延的天基通信系统，从而使得全球范围内互联网服务更加高速稳定且价格低廉。

一、卫星与万物互联

地面通信网络在海洋、沙漠及山区等偏远地区环境下架设不易且成本高昂，致使通信及网络服务难以真正实现全球互联互通。20 世纪 90 年代，美国部分通信企业曾尝试在太空构建卫星星座，打破地面移动通信的局限，利用卫星组网为用户提供语言、数据、传真及寻呼信息服务。1987 年美国摩托罗拉公司提出组建由多颗绕地轨道卫星构成的全球通信网络，1990 年摩托罗拉公司正式公布这一计划，将其命名为"铱星系统"，并牵头成立了铱星公司。起初，"铱星系统"的卫星星座，计划由 7 个轨道平面、77 颗近地轨道卫星组成，希望通过卫星与卫星间的联系，构建通信网络。1995 年 1 月，美国联邦通信委员会为这一项目发放经营许可。1997 年至 1998 年，"铱星"卫星陆续发射升空。1998 年 11 月，"铱星系统"组网建设完成，并开始为用户提供通信服务。但由于技术成熟度低、成本高昂，通信服务定价昂贵，加之营销不当，在与渐趋成熟的地面通信服务的竞争中，"铱星系统"未能成功占有市场，服务使用率低，收益远无法偿还债务，于1999 年进入破产重组阶段。同一时期，高通、劳拉公司合作开发的"全球星"项目以及美国轨道通信公司推出的低轨卫星星座通信服务项目，亦发展不畅，项目公司皆沦落至破产重组的境地。①

进入 2010 年，互联网飞速发展，"万物互联"不再只是纸面口号。然而，当前全球互联网数据主要通过地下或水下光缆传输，覆盖范围小，地面通信网仅覆盖地球表面的 5.8%，至 2022 年全世界仍有三分之一的人口未接入互联网。依靠地面通信网络，难以实现真正的互联网全球全覆盖。而卫星接入的天基网络传输模式，可以弥补地面光缆传输的局限性。卫星宽带接入用户只需通过计算机卫星调制解调器、卫星天线和卫星配合便可接入互联网，无需受制于地面通信网络。鉴于卫星网络接入的优势以及互联网科技行业对高速互联网的依赖，不少互联网企业瞄准卫星通信技术利用，探索、开发卫星互联网，在太空建设卫星平台向用户终端提供宽带互联网接入服务，弥补地面网络的不足。建设卫星互联网，一种可通过地球同步轨道卫星提供信号，另一种则是利用近地轨道卫星向地面提供信号。相比中地轨道以及地球同步轨道卫星，近地轨道卫星距离地面高度约 1000 千米，信号传输时延低、信号强。不仅如此，不同于地球同步轨道卫星囿于其轨道特性，无法为高于南北纬 70 度的地区提供可靠的信号覆盖，近地轨道卫星如同架设在 1000 千米高空的"地面基站"，可实现全球信号覆盖。因此，当前卫星互联网空间段建设主要依靠搭建低轨卫星星座。

事实上，"卫星互联网"系统主要由空间段（主要是指卫星星

① 刘豪等：《卫星互联网：助力新基建的硬科技》，人民邮电出版社 2021 年版，第4—5 页。

座）、地面段和用户段三个部分组成。所谓"卫星星座"是由具有相似功能的卫星分布在同一轨道或者互补轨道上，按照共同约束规则运行，协作形成逻辑上统一的网络系统，而卫星之间通过相关路由技术（星间、星地）实现数据传输。当今卫星制造与发射技术蓬勃发展，小型通信卫星研制成本大大降低，火箭回收利用技术渐趋成熟，这使得搭建由数千甚至上万颗低轨卫星组成的星座成为可能。⑧在此背景下，谷歌公司、太空探索技术公司、一网公司等高科技公司纷纷踏足卫星互联网产业，太空探索技术公司打造的"星链"项目便是其中典范。

二、"星链"计划的产生与落成

2015 年 1 月，美国太空探索技术公司提出"星链"项目，计划在近地轨道构建三层卫星网络，通过星间链路互联，将用户接入互联网，以此方式为缺少基站的海、空及偏远地区用户提供网络服务。"星链"计划主要由空间段"星链"卫星星座、建设在不同国家境内的控制中心以及用户安装的地面设备（包括类似于卫星电视天线的"相控阵"天线与调制解调器）组成。其中，组建"星链"卫星星座是这一项目的核心。该卫星星座建设大量采用激光星间链路，大幅减少地面相关站部署数量，通过综合采用星地联合调度、相控阵波束成形等手段实现对地球静止轨道的干扰规避。在"星链"卫星设计上，其采用单个太阳能电池阵设计，并配备有一个高效的氪离子推进系统，卫星底部还安装 4 个相控阵天线系统。为稳定卫星运行姿态，实现宽带吞吐量的精确设定，"星链"卫星内置有导航传感器。为规避与空间碎片和其他航天器发生碰撞，太空探索技术公司的工程师还给"星链"卫星配备了自主碰撞规避系统。太空探索技术公司规划，"星链"计划第一阶段将陆续在近地轨道上部署 1.2 万颗卫星，搭建全球低轨星基通信网，其部署预计将花费百亿美元。第一阶段完成后，"星链"将率先为美国北部和加拿大提供区域宽带服务，未来其服务范围将扩大到全球，接入该卫星互联网的用户均可享受 1Gbps 的宽带。

与传统卫星制造方式不同，"星链"卫星制造采用流水线批量生产模式。目前太空探索技术公司已具备日均制成 8 颗"星链"的能力，在全年无休的稳定生产条件下，年产量最高可达 2900 颗。在发射"星链"卫星方面，其主要依托自主研发的"猎鹰 9 号"中型二级入轨运载火箭。2010 年"猎鹰 9 号"进行了首次发射实验。十余年来，"猎鹰 9 号"已发展出 5 个版本，当前在役的"猎鹰 9 号"运载火箭为 Block5 版本，其可在不回收第一级助推器的情况下，向低地球轨道发射重达 2.2 万余千克的载荷。"猎鹰 9 号"火箭垂直回收、多次使用且载荷量高的特点，为太空探索技术公司多批次、批量发射"星链"卫星降低了发射成本，为其建设规模庞大的"星链"卫星星座提供了基础。

2018 年 2 月 22 日，由"猎鹰 9 号"火箭搭载 Microsat2 - A 及 Microsat2 - B 两颗"星链"计划试验卫星升空。2019 年 5 月 24 日，太空探索技术公司将首批 60 颗 V0.9Demo 版本的"星链"卫星送入太空，10 月，太空探索技术公司首席执行官马斯克通过"星链"提供的互联网服务成功发送推特，这一测试意味着"星链"已具备提供上网服务的能力；11 月，60 颗 1.0 版本"星链"卫星升空。截至 2021 年 1 月 20 日，太空探索技术公司已将 16 批 1.0 版本的卫星送入太空。同月 24 日，太空探索技术公司开始发射 1.5 版本的"星链"卫星。

2023 年"星链"卫星再次迭代。2 月 27 日，佛罗里达州卡纳维拉尔角空军基地成功发射了 21 颗新一代"星链"卫星，即"星链 V2迷你版"。新版"星链"卫星搭配的天线阵列效率更高，其使用的是71—86 千兆赫的无线电频率，新卫星的容量是初始版"星链"卫星的 4 倍，能够为"星链"用户提供更为高速的网络服务。

自 2019 年首次批量发射卫星起至 2023 年 6 月 23 日，"星链"计划共完成累积 92 批次的发射任务，将 4698 颗"星链"送入太空，其中仅 2023 年上半年便已完成 44 次发射任务。截至 2023 年 6 月，"星

链"项目在轨正常运行的卫星有 4329 颗，其中组网工作的卫星数为
3694 颗。

在"星链"系统的地面建设方面，太空探索技术公司于 2019 年
在美国建设了 12 个地面站，2020 年其再度向美国联邦通信委员会申
请新建 26 个地面站。至于终端设置，美国联邦通信委员会已授权太空
探索技术公司部署将用户接入卫星互联网所需的百万根地面天线。当
前，太空探索技术公司为进一步拓展用户服务，在其提交给美国联邦通
信委员会的修正文件中，将申请部署的地面天线数量提升至 500 万根。

目前，"星链"根据不同的应用场景，为用户提供 4 个版本——
住户版、商业版、旅行版以及海事版卫星互联网服务。至 2023 年 5
月，太空探索技术公司宣布，其卫星互联网服务"星链"已覆盖全球
五大洲。

三、"星链"计划的竞争对手

利用近地轨道建设卫星互联网这一炙手可热的朝阳产业，在太空
探索技术公司之外，亦有不少来自美国、英国、日本等国的公司参与
探索和竞争之中。

2015 年，格雷格·韦勒创立的一网公司曾积极尝试建设部署由近
地轨道小型卫星所组建的网络，计划部署 6000 余颗低轨道卫星，采
用"天星地网"系统架构，将卫星作为联通用户终端和网关站的通
道，通过接入地面网络系统，借助地面站，为农村、偏远地区等的用
户提供上网服务。2019 年 2 月 27 日，"联盟 2 号"运载火箭搭载一
网公司研发的测试卫星升空。9 月 17 日，一网公司与铱星公司签署谅
解备忘录，双方联合打造由 66 颗"下一代铱星"卫星及 650 颗"一
网"卫星组成的新一代低地卫星通信网络。"下一代铱星"卫星与
"一网"卫星使用的频段不同，前者利用 L 频段，主要负责卫星高质
量语音通信，后者则利用 Ku 频段，负责为用户提供"天星地网"系
统架构的宽带上网服务。

2016 年，美国波音公司、加拿大电信卫星公司也宣布进军卫星互

联网产业。6月，波音向美国联邦通信委员会提交 NGSO 系统星座项目计划。据其规划，该项目将建设 2956 颗卫星组成的通信网络。其发射的卫星将使用技术难度较高、当前通信卫星较少利用的 V 频段，用户终端和网关均采用 V 频段双向链路。项目初期计划发射 1396 颗近地轨道卫星。2021 年 11 月，波音公司获美国联邦通信委员会批准，可发射和运营 147 颗卫星以提供宽带互联网接入服务，其计划先将其中 132 颗卫星送入近地轨道，其余 15 颗卫星则将发射至非地球静止轨道。不过，NGSO 系统星座项目进展不畅，截至 2023 年 6 月尚未有卫星顺利升空。

2016 年 11 月，电星公司亦向美国联邦通信委员会提交了启动、运行"光速"星座计划的申请。其申请文件表明，"光速"卫星星座将采用 Ka 频段，至少由 117 颗卫星组成，轨道高度分别为 1000 千米及 1248 千米。前者将设 6 个轨道平面，每一平面至少布置 12 颗卫星；后者则将包含 5 个轨道平面，每一平面设 9 颗卫星。2018 年，电星公司副总裁透露，其有意扩大卫星星座规模，近地轨道宽带卫星数量计划增加至 292 颗，未来还可能增至 512 颗。2018 年 1 月 12 日，电星公司研制的 Vantage - 1 测试卫星发射升空。为测试网络回传情况，电星公司与跨国通信集团沃达丰合作开展了 5G 服务数据回传测试，结果显示网络回路时延为 18 毫秒至 40 毫秒，是目前卫星互联网连接的最低时延。电星公司曾雄心勃勃地表示，希望"光速"计划成为下一代卫星星座项目的"领头羊"。不过，卫星研制、发射工作所需资金规模庞大，资金流转压力较大，这使得"光速"星座计划进程缓慢。

2023 年 3 月 14 日，亚马逊公司在太空卫星展会 Satellite 2023 上公布其卫星互联网计划，即"柯伊伯"计划。亚马逊公司计划投资超百亿美元，在近地轨道部署 3236 颗卫星。据亚马逊公司设备和服务高级副总裁戴夫·林普所言，亚马逊将于 2023 年底开始大规模生产商业卫星，至 2026 年，亚马逊公司可将规划卫星数量送入太空，其计划在未来五年内开展 90 余次发射任务。展会上，亚马逊方面还公布了3套用于接入互联网的卫星天线项目。其中,尺寸最小的"超小型"版本卫星天线,网络传输速度可达每秒100兆,而最大尺寸的卫星天线,则可提供高达每秒1Gb的网速。

2018年,俄罗斯国家航天集团曾提出"以太"全球多功能通信卫星系统项目。俄方计划发射288颗低地卫星,组建卫星星座,并将连接俄罗斯新一代"信使"通信卫星系统、射线数据中继卫星系统等,为俄罗斯偏远地区乃至全球用户提供移动通信和互联网接入服务。俄罗斯国家航天集团原计划于2025年完成"以太"系统部署,但因资金限制等因素,进展缓慢。

在亚洲,韩国三星集团在2015年8月曾提出计划发射4600颗微型卫星,轨道高度在160千米至2000千米,构建卫星组网,为用户提供更高速的上网服务。不过,当前三星集团的卫星互联网建设仍停留于构想,未真正开展。2022年,日本索尼集团旗下的太空通信公司进军卫星通信市场。索尼集团着意发展太空中的光通信业务,开发小型光通信设备,通过激光束连接近地轨道上的微型卫星,计划将这种光通信设备作为服务提供给从事卫星开发的公司。

四、军事潜能与争议

值得注意的是,"星链"卫星星座系统虽为民用目的而建设,但其仍具有一定的军事潜能,为太空军事化和武器化重新赋能。由大批量低轨卫星组成的"星链"项目可补充和增强传统太空信息支援能力、增强美国太空系统弹性和冗余度。此外,其成熟的商业卫星平台亦为美国军方研发低成本的军用卫星提供便利。当前美国太空军正积极与太空探索技术公司等合作,试图开发研制大批军民两用卫星,完善其弹性、高冗余的太空系统。

不仅如此,"星链"项目也卷入到国际军事冲突之中。2022年9月,美国太空探索技术公司首席执行官马斯克在其推特上发文称,太空探索技术公司向乌克兰提供的"星链"服务仅可用于和平用途,服务协议中已明确规定该技术不可用于军事活动。为此,该公司积极采取措施，阻止乌克兰军方将有关"星链"技术用于无人机等军事装备。2023 年 2 月，马斯克再度表达其公司拒绝乌克兰军方利用"星链"技术的态度。同月，《纽约邮报》报道，马斯克宣布将限制乌克兰军方使用该公司的"星链"卫星通信服务。不过，与马斯克意愿相违，美国国防部支持乌克兰军方使用"星链"技术服务，据彭博新闻社 6 月 2 日的报道，五角大楼将为乌军出资购买"星链"卫星通信终端。

　　"星链"项目的出现，也加剧了恶意抢占频轨资源问题，这将增加太空碰撞事故风险，致使太空拥挤状况进一步恶化。为抢占有限的低轨卫星轨道和频谱资源，以美国太空探索技术公司为代表的卫星互联网企业，竞相推出规模庞大的低轨卫星系统方案。当前，国际间已有千余颗"星链"卫星引发了多起相关争议。2019 年和 2021 年，欧洲航天局曾报告三起"星链"卫星同其所属航天器危险接近、几近碰撞的事件。2022 年，美国航空航天局也曾向美国联邦通信委员会吐露对下一代"星链"部署完成后太空拥挤情况的担忧。鉴此，国际社会应当迅速采取有效措施，改进现行频轨分配规则和太空交通管理机制，制止部分商业卫星公司不合理抢占频轨资源的行动，缓解太空拥挤状况，以避免因此产生企业间乃至国家间的冲突。

第三节　资源开发

一、卡尔达肖夫指数与太空文明

　　为了应对地球资源枯竭和环境危机，人类迫切需要开发太空中的物质资源。

　　1964 年，苏联物理学家尼科莱·卡尔达肖夫提出了"卡尔达肖夫指数"，依据文明能够利用的能源数量对文明进程进行分级。根据这一模型，Ⅰ 型文明可获得并储存星球上所有可用能量，Ⅱ 型文明能直接利用恒星能量（可能通过戴森球①实现），Ⅲ型文明则能够捕获整个星系的能量，包括恒星、黑洞等。地球文明被认为仅达到0.73，仍处于"0型文明"阶段。人类在地球资源的开发中已取得了一定的成就。然而，开发太空资源仍然具有巨大的潜力，尚待进一步探索与利用。

工业革命以来的百年间，我们对地球上的矿物、能源进行开发利用，招致严重的环境问题和能源危机。据2022年《世界能源统计年鉴》，2021年世界一次性能源消费量达595.15艾焦，比十年前上升了14.25%，并且随着世界人口的增长需求量将越来越大。虽然人类已开发了许多新技术来提高能源利用率或发展可再生能源，但这类做法治标不治本，地球资源终有枯竭的一天。著名科学家霍金曾预言："人类必须在100年内离开地球，寻找新家园。"这从另一个角度提醒我们，地球从本质上来说是一颗宜居却不宜开发的星球，太阳系形成后的漫长时间里，工业所需的重金属、贵金属早已沉入地心，勘测开采成本高昂，环保修复代价巨大。

反观地外，环绕地球的众多天体以及广阔的宇宙空间内蕴藏着丰富的物质资源，例如太空中几近无限的太阳能，月球、小行星、彗星和太阳系内外的其他行星及其卫星上的矿物、金属、水、气体和放射性元素。这些地外资源不仅可作为地球资源的补充，更是未来人类探索太空的良好跳板，随着技术进步，可将这些资源在发现地直接转化为可利用材料，从而降低对地球资源的依赖及其高昂的发射成本。且从文明发展的轨迹来看，开发、利用地外资源是必然趋势，太空必将成为人类进行进一步探索和经济扩张的下一个目标。

二、太空资源的商业开发

（一）太空发电站

宇宙中蕴藏的大量能源，许多都未被充分利用甚至未被发现，如

---

① 由弗里曼·戴森提出的一种假设的巨型结构，它包围着一颗恒星并捕获其大部分太阳能输出。

太阳能与暗物质。太阳能是颇为关键的清洁能源，近年来利用率不断提升，但测算表明，目前人类对太阳能的利用效率较低。太阳每秒总电磁辐射约为 4×10^{26} 瓦，辐射到地球上的能量在 17×10^{16} 瓦左右，相当于 500 万吨煤，其中大气反射 34% 的阳光，最终被地面接收的能量为 11.5×10^{16} 瓦，全球植物对太阳光的利用率在 0.5% 至 2%，人类社会光伏电池的效率一般只在 20% 至 25%，实验室级高尖技术才能达到 50%。限制太阳能利用率的，一方面是技术问题，另一方面则是地球大气对阳光的折射，云层遮挡、地形限制以及自转导致对太阳光接收利用的必然低下。

1941 年，艾萨克·阿西莫夫发表了科幻短篇小说《理性》。在他的描述中，一个空间站能利用微波束将从太阳收集的能量传输到各个行星。1968 年，彼得·格拉泽首次提出太阳能发电系统的构想。

目前太空发电站指在空间将太阳能转化为电能，再通过无线能量传输方式传到地面的电力系统，由太阳能发电装置、能量转换和发射装置、地面接收和转换装置这三部分构成[1]。

太空发电站的构想提出后，在美国、日本、欧洲、俄罗斯、加拿大、印度等国家地区引发热潮，政府机构组织对此开展了系列研究实验，如美国航空航天局在 1995 年启动的 "Fresh Look" 计划，2003 年开展的太空发电站方案与技术成熟计划，日本宇宙航空研究开发机构支持的多个项目组，欧洲航天局 1998 年提出的太阳帆塔计划等。

长期以来，太空发电站所面临的最大问题是成本过高，而太阳能公司的联合创始人加里·斯皮纳克和吉姆·罗杰斯创造了一种革命性的超轻型太阳能发电系统，其重量比之前预计的 1.5 万吨至 3 万吨的千兆瓦级工厂在轨质量轻了一个量级。该突破性的太阳能发电系统已在全球重点航天国家获得专利。2009 年美国加利福尼亚州最大的电力公司——太平洋天然气与电力公司——宣布向太阳能公司订购 200 兆

① 侯欣宾、王立：《未来能源之路——太空发电站》，《国际太空》2014 年第 5 期，第 70 页。

瓦的电力，成为世界上首份太空发电商业合同。

2004年，日本宇宙航空研究开发机构组织了包括三菱公司、清水建设集团、京都大学、东京大学等的"官产学"联合研究组织，促进了太空发电研究进展，给予了私营公司参与机会。2009年，以三菱公司为主的集团宣布将在2030年至2040年逐步建成一个吉瓦级太空商业发电站。

（二）私人空间站

太空中存在的辐射以及真空环境，是农业、医学、材料学实验的宝贵资源。获取这些资源，需要实现在太空长时间停留，因此建设空间站是必然要求。目前，仅限于几个航空航天大国和大型机构有能力与资金建设空间站，而未来私人资本的加入将推动商业空间站的出现。"轨道礁"和"星球实验室"是目前计划中的两个私人空间站。"轨道礁"由蓝色起源公司同波音公司、红外空间公司和塞拉空间公司合作建设，计划可供10人居住，将在2025年至2030年开始运行，其定位为"多用途商业公园"，未来可补充或者取代国际空间站。"星球实验室"则由纳诺拉克斯公司、旅行者空间公司和洛克希德马丁公司共建，2021年8月还特地聘请了美国航空航天局官员马歇尔·史密斯担任其商业空间站高级副总裁，宣称将在2027年投入使用。

2022年初，美国公理航天公司也提出雄心勃勃的计划，竞争建成太空中首个独立私人空间站。该公司计划在2024年至2025年发射第一个模块——一个包含完善内饰的小型全景房间，并且未来还将对其进行扩充以达到吸引访客的目的。2026年至2027年该公司计划发射另外两个组件，分别是设备齐全、可在微重力下进行工业测试的实验室和一个用来发电的光电板支撑塔。该空间站初期将依靠国际空间站运行，等国际空间站退役后，实现完全独立。

（三）轨道发射

自1957年第一颗卫星升空以来，人类已向太空发射了超过4000颗卫星，或处于运行中，或已废弃，或已变成空间碎片——地球外围比想象中更为拥挤，对轨道资源的抢占也日渐加剧。自美国太空探索技术公司成功研发可重复使用的火箭以来，越来越多私营公司参与到商业航天的领域中，业务范围包含太空发射、卫星定制开发、空间监视、航空航天器制造、轨道碎片清除等各个方面。但最为著名的还是成立于 2002 年的太空探索技术公司，其致力于太空运输行业，旨在大幅削减进入太空的成本，专注于可重复使用火箭的研发，得到美国航空航天局超过 66 亿美元的资金支持。成立于 2000 年的蓝色起源公司同样技术先进，市场规模巨大。相对论太空公司为商业轨道发射提供设计、开发和制造 3D 打印火箭的服务，提高了火箭的制造速度。蓝箭航天公司于 2016 年成立，致力于中小型商业火箭研发。火箭实验室公司成立于 2006 年，致力于设计开发适配于新兴小型卫星市场所需的低成本、高频发射需求的中小型火箭。

（四）"月球大使馆"与"银河政府"

基于人类现有的航天技术、空间科学技术水平，太空矿产资源开发的首要目标主要是月球、火星和小行星。

1992 年 12 月 7 日，"伽利略号"飞船飞越月球北部地区时，通过成像系统的三个光谱滤光器拍摄了一系列共 53 幅图像，再用人工着色表明不同资源，合成了一幅月球构成材料图。图片呈现出令人惊叹的绚丽色泽，月球上蕴藏的资源极为多样，部分稀有矿物储量优于地球，还有部分不存在于地球的矿产。月球距离地球的平均距离仅 38 万千米左右，且自 1969 年 7 月 16 日美国"阿波罗 11 号"第一次登月以来，已经有 70 余个航天器实现月面着陆，积累了丰富资料。月球矿产开采是可行性较高的，也是许多国家和公司的首要目标。日本 Ispace Technologies 公司计划建设地月交通平台，并在月球上探索极地水。美国航空航天局在 2020 年宣布计划从商业公司收购月壤，认为"太空资源是安全和可持续开发月球的关键"，而让商业公司参与将"提升美国重返月球的能力"。

关于月球资源的所有权，联合国《外层空间条约》《月球协定》将其定位为全人类共同财产，但这一条约仅仅规定主权国家不得据为己有，却未禁止私人占有行为。1980 年丹尼斯·霍普钻了空子，他在旧金山政府办公室提出了对整个月面以及除地球外其余八大行星及其卫星表面的所有权，给联合国大会和俄罗斯政府写了一封信，记录了他的主张和出售地外财产的法律意图，创立了"月球大使馆"公司。"月球大使馆"创立以来，已售出超过 6.11 亿英亩（247 万平方千米）的月球地产，以及火星、水星等地产，并且他所出售的地产自带采矿权。2001 年他甚至宣称成立"银河政府"，来保护 600 万拥有地产的"居民"。该"月球大使馆"公司至今仍存在。

（五）小行星采矿

小行星在太阳系内分布广泛，在 20 世纪 70 年代以前，小行星矿产资源开发还主要出现在科幻小说中，如《太空拾荒者》和《天际矿工》所描绘的太空采矿的惊险故事。与此同时，学界的许多研究人员对太空采矿可获得利润有所推测，但缺乏进行验证的技术。随着太空时代到来，学界对小行星的兴趣渐趋浓厚，大量严肃的学术讨论也集中于近地小行星开采。这种兴趣一度被火星及其卫星转移，但到了 20 世纪 90 年代地球环境问题引发大众焦虑，小行星矿产资源又重新得到重视。目前作为矿物开采目标的主要是地球周边直径在 1 千米及以上的 1500 余颗近地小行星。

按照光谱特征所表明的成分构成，小行星可分为三类。C 类小行星，以碳质结构为主，超过 75% 的已知小行星都属于这一类别，除了不含氢、氮和挥发物之外，其成分与太阳及原始太阳星云几乎一致，部分含有水合矿物，光谱反照率在 0.05 左右，多分布于小行星带的外围，如谷神星。此类小行星所富含的碳、氢、氧、氮等元素可为深空探测提供燃料。S 类小行星，以硅质结构为主，约 17% 的已知小行星属于此类，成分多为铁、镁、硅，光谱反照率为 0.15 至 0.25，多分布于小行星带内侧，如司法星、婚神星。经估算，一颗 10 米长的 S 类小行星含有大约 65 万千米的金属，其中 50 千克是铂和金等稀有金属。M 类小行星比较少见，金属质结构为主，反照率为 0.1 至 0.2，通常由铁、镍构成，金属含量可能是 S 类小行星的 10 倍。

2012 年美国阿基德宇航公司重组，成立了行星资源公司。该公司计划开发具备各种传感能力的小型天文望远镜进行小行星勘测，目前已推出了验证型号 Arkyd – 3、Arkyd – 6 和正式型号 Arkyd – 100、Arkyd – 200、Arkyd – 300。其中 Arkyd – 100 的目标是利用红外探测对近地小行星的含水情况进行勘测；而 Arkyd – 200 的主要任务是整合动力、载荷与观测系统，以完成对近地小行星的整体勘测；Arkyd – 300 在前型号基础上更进一步，完成对小行星形态、旋转姿态、结构成分的分析，并评估其科学及商业价值。2018 年行星资源公司被区块链技术公司 ConsenSys 收购，其太空计划将继续运行。

2013 年深空工业公司成立，该公司同样致力于小行星开发，其目标为对小行星进行勘测、采集，对原材料进行提炼、制造，并大幅降低进入太空探索的成本。2016 年，深空工业公司推出了 Prospector – X、Prospector – 1 两种微纳卫星，以及探索者航天器平台。2019 年深空工业公司被布拉德福德太空公司收购，并与卢森堡展开合作，继续探索太空资源。

2022 年起源太空公司的创始人苏萌在演讲中提到："太空是人类最后的边疆，宇宙拥有远超地球的一切可能性，我们一直对未来的可能性保持着乐观的态度，充满了科技将带领我们走出地球的信念，相信人类文明也会是一条向好的、且充满希望的道路。"对太空资源的商业性开发尚且处于起步阶段，但具有无限可能性，或许将打开人类走向宇宙的通路。

第四节　太空旅行

一、由仰望星空到走向星空

人类曾经认为宇宙充满了神话与神灵，古往今来，无数智者有着同样的哲思，探寻人类是否就是这片永恒存在中唯一的生命之火。从穴居人、宗教冥想者到先锋艺术家，他们在头脑中不断穿越宇宙、描绘宇宙，而今天，在人类进步的最前沿，已有几百人成为真正的太空旅行者。人类正拨开神秘的云雾，窥见一个生机勃勃、日益清晰的宇宙。

人类从古至今对于太空的向往，历久弥新。早在 600 多年前，我国明朝的火器专家陶成道就进行了利用火箭飞天的首次尝试，被称为"世界航天第一人"。1390 年，陶成道将 47 枚火箭绑在一个蛇形座椅车上，自己则双手各持一只大风筝，下令仆人点火，试图利用火箭的推力和风筝的升力飞起来。不幸的是，点火后不久火药即爆炸，车毁人亡，但这却成为了人类历史上最早记载的火箭发射。一直到 1961 年，人类才完成陶成道的遗愿，苏联宇航员尤里·加加林成为进入太空的第一人；2001 年，第一位太空旅客——美国富豪丹尼斯·蒂托进入国际空间站。此后，太空探索技术公司、毕格罗宇航公司、蓝色起源公司及维珍银河公司等太空商业探险公司陆续成立，致力于为普通人提供体验太空旅行的机会，太空旅游时代由此来临。正是各式各样的企业家以及越来越多的业余爱好者不带任何政治目的、纯粹出于商业利益而降低了进入太空的价格，这与政府和军事承包商的太空活动形成了鲜明的对比。美国航空航天局艾姆斯研究中心合作关系主管加里·马丁如此总结道："这代表着太空探索与开发历史上的一个转折点，是一场革命的前端，以多种不同方式利用太空的新产业正在诞生。已经建立起来的军事航天工业部门不再是唯一选择。竞争的加剧和新的力量将持续改变市场。"①

目前，随着太空技术的发展，太空旅行领域的创新和活动日益频繁。2021 年 9 月 15 日，美国富豪贾里德·艾萨克曼等 4 名非专业宇航员在没有专业宇航员陪同的情况下，估计花费高达 2 亿美元，乘坐太空探索技术公司的"龙号"飞船飞向距离地球 575 千米的高空，并在太空停留三天，开启了平民太空旅行新纪元；2023 年 5 月 10 日，美

---

① Gary Martin, "New Space: The Emerging Commercial Space Industry", Feb. 22, 2017, https://ntrs. nasa. gov/api/citations/20170001766/downloads/20170001766. pdf.

国太空初创公司 Vast 宣布将发射世界上第一个商业空间站 Haven - 1，计划在 2025 年 8 月之前使用太空探索技术公司的"猎鹰 9 号"火箭发射到近地轨道，并将派遣 4 名宇航员前往商业空间站停留 30 天……这一系列行动都预示着更大规模、更加舒适、更为安全的太空旅行正逐渐向人类走来。

人类始终热衷于追求一种前所未有的体验。太空旅行不仅可以亲身体验宇宙的神秘和浩瀚，观赏太空旖旎的风光，享受失重的感觉，还可以回望地球的美丽与鲜活、感知敬畏和存在的力量。美国航空航天局宇航员克里斯·哈德菲尔德在他首次太空行走后记录道："当我独自一人，穿着宇航服，俯视 60 亿人与所有历史，每一份美丽与诗意，还有焕发人性的一切时，我感受到一辈子的书本、讲座、计算都不曾传授给我的东西：我所能感知的存在的力量。"[①] 当人类终于实现从仰望星空到俯视地球，并将宇宙的一切绚烂尽收眼底之时，正是那一幅恢宏、辽阔、不朽的生命图景，蕴含着人类不懈追寻且不畏艰难之精神。

二、首位太空旅客

人类总是喜欢举目凝视天空，或许每个人心里都住着一个宇航员，同样，向往太空的也不只是宇航员。

1986 年 1 月 28 日，这是人类航天史上悲剧性的一天，美国"挑战者号"航天飞机在冲入云霄后的第 73 秒发生爆炸，7 名宇航员全部遇难。而这 7 名不幸遇难者中，有一名新泽西学校教师克里斯塔·麦考利夫。她本是第一个以平民身份参加太空飞行的人，原计划在太空给学生进行现场授课，但愿望还未实现就献出了自己宝贵的生命。"挑战者号"遇难后，美国航空航天局就反对非宇航员参与太空飞行任务，因而俄罗斯的"联盟号"飞船成为将非宇航员送往国际空间站

---

① [英] 乔·马钱特著，宋阳译：《人类仰望星空时》，中信出版集团 2022 年版，第 309 页。

的唯一途径，而且空间有限，进入太空的游客需要购买价格高昂的船票。

　　尽管美国航空航天局反对非宇航员参与太空飞行，但一群富有、寻求刺激的人还是以私人支付的方式积极参与国际太空飞行任务。2001 年，美国亿万富翁蒂托花费 2000 万美元，搭乘"联盟－Y"型火箭，从哈萨克斯坦的拜科努尔航天发射中心出发，飞往距地球表面约 400 千米的国际空间站，开始为期 8 天的太空之旅。蒂托也成为了全球以自筹资金的方式进入太空旅行的第一人，开太空旅行之先河。

　　蒂托将探索太空作为其一生的终极历险。1957 年苏联将人类历史上第一颗人造卫星成功发射入太空的消息，使少年蒂托对无垠的宇宙生出了无限的向往，梦想飞上太空，并开始为这一梦想努力。1964 年，24 岁的蒂托进入了位于加州帕萨迪纳市的喷气推进实验室，开始为美国航空航天局的宇航项目工作，他希望通过这一渠道成为宇航员，从而进入太空。1972 年，蒂托感到在美国航空航天局工作以寻求转职宇航员的机会渺茫，转而辞职后在加州成立了威尔逊投资公司，决心要为自己买一张去太空旅游的往返票。20 世纪 90 年代初，蒂托开始与俄罗斯宇航局接洽，尽管受到美国航空航天局对其飞行计划的阻挠，但他仍决意飞往莫斯科星城接受训练，终于在 2001 年 4 月 28 日实现了自己的太空旅行之梦，得以目睹太空的万千景象。他以每小时 27200 千米的速度飞行，地球在他的脚下，头顶则是无边无际的黑色天空，蒂托将进入太空形容为"一生中最美好的体验"。从太空归来之后，蒂托不仅没有将已实现的梦想搁置起来，反而着手开始进行另一项太空旅行计划——"灵感火星"。这个预计耗资约 10 亿美元的计划，将挑选一对 50 岁左右的夫妇，将他们送上太空，并进行长达 501 天的环火星旅行。这一计划并不是表面上的"赔钱赚吆喝"，它的实际意义在于对民间商业航天企业的推广和支持，将国家项目民间化、商业化，驱使企业家开发新技术，以降低成本、扩大市场，而这样一来，就能有更多的人有机会实现自己太空旅行的梦想。蒂托始终认为进入太空不只是个人的梦想，而是整个人类的梦想。

蒂托的太空之行证明了非宇航员飞往地球之外的可能性，自此，太空旅行不再仅仅是遥不可及的梦想，而日益成为触手可及的现实。南非企业家马克·沙特尔沃思以及美国富翁格雷戈里·奥尔森、阿努什·安萨里、查尔斯·西蒙尼等多名太空游客陆续登上国际空间站，实现了遨游太空的梦想。而美国航空航天局对太空旅行计划也由拒绝转为接受，并于 2019 年 6 月宣布了将国际空间站商业化的计划，逐步欢迎太空游客。此外，一些太空商业公司都致力于将"私人宇航员"送往国际空间站，以获取可观利润。

截至 2021 年 9 月 15 日，人类历史上仅有 581 人进入过太空。经过统计，在进入过太空的人群中，宇航员和科学家最多，其余大多皆是一掷千金的富豪。因而，太空旅行目前仍是富豪们的"游戏"，普通百姓仍难有机会进入到太空。

三、太空平民时代

尽管太空对大多数人来说仍是遥不可及和代价高昂的，但随着科技的发展和商业化的成熟，未来太空游客们也许只需花费飞机票 3 倍至 5 倍的价格就能获得俯瞰蓝色地球的机会，而当达到一定规模时，这个价格还有下降的空间。无人能预测未来。1910 年，当人们聚集着观看法国飞行家路易·布莱里奥所驾驶的周游世界的单翼飞机努力爬高时，没有人会想到人类将拥有属于自己的、用于个人交通的飞机；1935 年，当泛美航空公司的第一架客机开始进行穿越太平洋的飞行时，航空旅行被看作注定完全是超级富翁的一种专属，但在 2001 年，仅美国的航空公司就运送了 6.22 亿乘客，这其中包括数千万普通百姓。航天飞行能否经历上述类似的进程，从稀罕的、昂贵的、政府支配的活动变成世俗的、普及的、多半是私人的活动，估计没有人能轻易地给出否定的答案。

（一）太空商旅三剑客

太空商旅三剑客是指英国企业家理查德·布兰森、美国航空工程师埃尔伯特·鲁坦和美国微软联合创始人保罗·艾伦，他们三人对太空商旅的发展起到了推动作用。

1903 年，美国人莱特兄弟实现了人类的第一次动力飞行；同年，俄国人康斯坦丁·齐奥尔科夫斯基成功计算并提出了太空航行，然而，这一伟大壮举却并未取得成功。100 多年过去了，世界各国所从事的航天飞行还是以耗资巨额的军事使命和有限的科学研究为主，仍然没有出现可以服务于普通百姓的业务。正是在这一背景下，一些企业家和兴趣爱好者投身于太空旅行商业化运作的事业中，为飞行平民化做出了巨大贡献。

英国企业家理查德·布兰森于 2008 年成立了全球第一家专营太空商业运输的航天公司——维珍银河公司，并于 2011 年在美国建立全球首个商业太空港，挑战美国航空航天局这一世界航天业的超级霸主。他勇于冒险，敢于挑战，首先推动了太空短途游的可行化。美国航空工程师埃尔伯特·鲁坦离职后成立了一家小型飞机制造厂，并研发了世界上首架完全由民间制造的载人航天飞行器"太空飞船 1 号"。他毕生致力于航空航天飞行平民化，推动民用航天航空业的蓬勃发展。美国微软联合创始人保罗·艾伦则在获知埃尔伯特·鲁坦的飞行计划后，决定为该项目投资 2800 万美元，并与其共同成立公司，成为用私人资金实现太空商业运作的全球第一人。至此，冒险企业家理查德·布兰森、"技术牛仔"埃尔伯特·鲁坦、投资人保罗·艾伦，共同推动了太空商旅的向前发展，并让更多企业家看到了这一航天赛道的巨大商机。

据美国花旗银行预计，太空旅游产业规模在 2030 年将达到 30 亿美元。随着更多实体的参与，创新蓬勃发展，商业航天已初具规模，太空旅游产业的前景向好。太空商旅不仅极大地推动了太空旅行的平民化进程，也从另一角度使载人航天变得更便宜、更安全。换而言之，太空商业的高速发展将持续不断地提供更高水平和更低成本的航天服务，从而建成更高维度的商业基础和人类社会文明。

（二）亚轨道旅行

亚轨道一般指距地面 20 千米至 100 千米的空域，处于现有飞机的最高飞行高度和卫星的最低轨道高度之间，也被称为临近空间。亚轨道空间虽并非传统意义上的太空，但微重力环境的体验相差无几，且性价比较高、可实现性较强。"亚轨道太空旅行降低了太空旅行的门槛。从价格来说，亚轨道飞行比轨道飞行便宜得多，随着技术成熟普及，应该还有比较大的降价空间。从时间成本来说，亚轨道太空旅行比轨道太空旅行也要低得多。轨道太空旅行不仅整个旅行时间长，前期准备也长，一般需要半年的体能和相关训练，但亚轨道旅行一般几天培训时间就够了。"①

2021年，英国维珍银河公司和美国蓝色起源公司相继实现了亚轨道旅行。7月11日，英国维珍银河公司首席执行官布兰森搭乘该公司的"太空船2号"亚轨道航空航天飞机，在太空边缘体验了失重的感觉。这次旅行达到了超过离地表80千米的高度，能让乘客在太空做短时间的停留，以俯瞰地球的视角来体验短暂的失重感。7月20日，亚马逊创始人杰夫·贝索斯和另外3名乘客搭乘蓝色起源公司的"新谢泼德"亚轨道火箭，从美国得克萨斯州发射升空，飞行高度超过了100千米，约10分钟后安全返回了地面。蓝色起源公司通过液体火箭将飞船发射到离地表100千米以上的高度，从而进行更加深度的太空观光。10天内，维珍银河公司与蓝色起源公司的两次飞行试验，拉开了亚轨道商业太空旅行新时代的序幕，将使太空旅行的成本大幅降低，太空旅行离普通人越来越近了。比如，2023年6月29日，在历经挫折和延误后，维珍银河公司将首批付费用户成功送入美国新墨西哥州沙漠上空，两名意大利空军军官、一名意大利国家研究委员会的航空航天工程师和三名维珍银河机组人员进行了短暂的亚轨道飞行，标志着其首次商业太空飞行的完成。目前仍有约800名客户在排队等待"上天"，他们已经支付了25万至40万美元的票价，未来有望将票价降到4万美元左右。随着太空短途游的门槛不断降低，太空旅馆

---

① 科技舆情分析研究所：《太空旅行：或许不再遥不可及?》，《今日科技》2021年第9期，第38—40页。

的设想也许将成为现实，为人类提供住宿、饮食、娱乐等多种服务，从而使太空深度游成为可能。

或许与人类在南极洲的存在相似，太空一开始是民族自豪感的源泉，然后演变成科学研究场所；而随着价格的下降以及安全得到更好的保证，太空也将迎来数百万游客。作为人，而不是探索宇宙的机器，人类将在太空中自由悬浮，尽情感知存在的力量。反过来，这也将催生人类的想象，促进人类的创新，使人类社会更加美丽、鲜活，并长久存续。

第五节　太空移民

一、地球未来难以预测

人类星际探索之旅不断发展，天文学家早已开始在宇宙中寻找适宜人类居住的星球或者在其他星球上创造条件让人类居住，试图实现人类移民太空。这是人类太空研究的长远目标，当人造飞船冲出地球的那一刻，移民他星的设想就萦绕在人类脑中。美国太空探索技术公司首席执行官马斯克更是宣布要在几十年内将人类送达火星。人类星际移民的设想，除了为实现探索未知宇宙的梦想外，还与对地球未来命运的预期戚戚相关。

世间万物没有永恒，一切都会随时间变幻而改变，星球同样如此。每一颗星球都有生命周期，只是地球的生命周期十分漫长，漫长到不知道人类是否能见证它的消亡。地球初始之时，火山、陨石和有毒气体遍布，经过漫长更替，地球演化出宜居的环境，成为智慧生命赖以生存的基础。山川河流、高山峡谷在眼下看似理所当然，但人类活动使得地球生态正逐步恶化，地球未来会变成怎样的面貌，会否永久宜居，尚难定论。

（一）星球碰撞威胁地球安全

1994 年 7 月 17 日 4 时 15 分，"苏梅克·利维 9 号"彗星与木星剧烈相撞。其后 130 多个小时里，被木星强大引力瓦解的彗星，呈碎片状排成一列，以每秒 60 千米的速度，狠狠向木星撞击。"彗木相撞"爆发的巨大能量，相当于 20 亿颗原子弹同时爆炸。撞击时迸发出的剧烈火光异常耀眼，将距离木星最近的卫星照亮，甚至能被远在数亿千米外的"伽利略号"宇宙飞船拍摄到。爆炸引起的火球直径有 10 千米，温度高达 7000 多摄氏度，高于太阳表面。这次撞击改变了木星的外貌，使其表面留下了多个直径 10000 多千米的深坑。

行星撞击地球的情况亦时有发生。1908 年 6 月 30 日，在俄罗斯上方发生的由小行星撞击导致的"通古斯大爆炸"，其产生的能量，约等于 1000 万至 1500 万吨炸药同时爆炸，是广岛原子弹威力的 1000 倍。爆炸的冲击波使方圆 2000 千米内郁郁葱葱的丛林顷刻间化成焦土。此后几天，通古斯地区方圆 10000 多千米的天空都被橘黄色光芒笼罩，爆炸产生的细小尘粒随风飘向 6000 千米至 7000 千米外的地方[1]。一颗小行星的冲击尚有如此大的威力，若是更大的行星冲击地球，地球将不复存在。事实上，每天都会有 40 颗至 100 颗太空物体飞向地球，其中有一小部分是小行星，如编号"2008TC - 1""2014AA - 2""2018LA - 3""2019MO - 4""2022EB - 5"等小行星。在这些小行星撞击地球之前，人类都已监测到它们并采取了相应措施[2]，但这种难以预知的"不速之客"在将来肯定还会出现无数次，人类能否每次都完美地解决仍是未知数。

（二）地球环境有待改善

除了行星撞击地球的意外事件外，地球自身也在发生着巨大变化。地球温度升高，冰盖融化，更多的远古微生物被释放和激活，干旱致使粮食减产，野火、飓风肆虐，人类灭绝的概率急速上升。研究发现，21 世纪中叶，中纬度地区（包括美国东南部和中部）出现危

① 樊莉平：《地球会毁灭吗？——由"彗木相撞"引发的思考》，《新世纪智能》2019 年第 18 期，第 12—15 页。
② 李伟：《迎击小行星：地球"防撞"预案》，《检察风云》2022 年第 21 期，第 40—41 页。

险高温的天数将增加一倍以上。即使将碳排放对气候的影响最小化，到 2100 年，大部分热带地区也将在接近半年的时间里经历 39.4 摄氏度危险水平的热应激[1]。随着太阳逐渐变亮，地球温度持续上升。当太阳亮度比现在高 10% 时，地球温度会上升 10 摄氏度。再过 35 亿年，太阳亮度比现在要增加 40%，地球气温大幅上升[2]，生命将不复存在。同时，当世界人口数量到地球难以容纳之时，资源危机、生态危害、粮食短缺各种问题显现，科技未必能百分百解决。

地球的将来充满着未知，人类凭借对外太空的向往，并且试图避免能源匮乏、资源穷尽、地球剧变的到来，开始探索移民太空的可能。

二、人类试图移民太空

美国对太空移民尤为重视，并将其列为重要研究项目。2016 年 9 月底，在墨西哥瓜达拉哈拉举行的国际宇航大会上，马斯克公布了太空探索技术公司的火星移民计划，宣布在约 10 年时间内将人类送往火星，最终建立火星移民基地。其已于 2015 年 12 月 21 日实现了"猎鹰 9 号"火箭第一级首次发射、回收，同时也是人类第一个可实现一级火箭回收的轨道飞行器。"猎鹰"系列的不断发展带来了大量数据和技术经验，使得太空运载技术更上一层楼，也为太空移民设想奠定基础[3]。太空探索技术公司计划开发大型火箭和飞船，建造一个星际运输系统，将人类送达火星。星际运输系统由一枚超重型火箭、一艘客运飞船和一艘货运飞船组成，每次可以运送 100 名乘客和大量货物。从地球出发到火星将需要 80 天至 150 天的时间，通过不断改进，前往火星的时间将大幅度缩短。

大规模太空移民和货物运输需要运输能力更强的火箭，"猎鹰"

---

① 张梦然：《本世纪末破纪录热浪将更普遍》，《科技日报》2022 年 8 月 26 日。

② ［美］菲利普·布雷特：《当太阳变成红巨星》，《阅读》2023 年第 Z7 期，第 67—71 页。

③ 王治钧：《SpaceX 风风火火"闯"太空》，《知识就是力量》2021 年第 4 期，第 46—49 页。

系列难以满足要求。为达到更强大的运输能力，"星舰"系列应运而生。2023 年 4 月，"星舰"系统满载着超过 4500 吨推进剂从得克萨斯州起飞，执行首次轨道级测试飞行任务，升空不久后爆炸①。但这并未打击太空探索技术公司的信心。6 月末，太空探索技术公司表示，要进行第二次飞行测试的"星舰"原型机 Ship 25 已经完成了 6 台发动机的静态点火测试，这是第二次试飞前的一个重要里程碑。7 月 10 日，马斯克再次设想火星移民计划：平均每 3 天发射 50 枚"星舰"，每年将超过 100 万吨有效载荷送入轨道，足以在火星上建造一座自给自足的城市。

美国航空航天局也有类似的太空移民计划，但时间要比马斯克的计划晚 10 年。以国家为单位，美国航空航天局也将支持太空探索技术公司飞往火星的任务。

实际上，太空移民已成为一个国际性的火热项目。俄罗斯人伊格尔·安舒贝利创建了私人公司航空国际研究中心。该研究中心于 2016 年 10 月 11 日宣布，将在 2017 年发射卫星，创造独立的太空国家"阿斯伽迪亚"，公众可通过"阿斯伽迪亚"项目官方网站注册成为其公民，开放的名额为 10 万人。安舒贝利宣称，该团队计划进行的前期工作将利用最先进科学技术创造一个保护全人类的屏障，阻挡来自太空的人为或自然威胁，其中包括太空垃圾、太阳耀斑、行星撞击。太空中有超过 2 万件可追踪的人造垃圾，包括老旧的太空飞船和火箭部件。此外，自然物体也给地球上的生命带来威胁。

三、人类移民太空拟选之地

（一）火星

在苍茫宇宙中，人类最钟爱的移民之地当属火星。在人类看来，人类生命可能源自火星，火星的曾经也可能就是地球的当下。总而言

---

① 田丰：《出师不利 星舰重整旗鼓备复飞》，《太空探索》2023 年第 6 期，第 44—51 页。

之，火星与地球仿佛一对"孪生姐妹"，火星具有诸多与地球相似的属性，如相似的昼夜交替和四季轮换，以及相似的地质和环境。

火星与地球同处太阳系，是太阳系中最接近的两个行星之一。在火星上一日是 24 小时 39 分，与地球上昼夜轮替时间几乎一致，假若站在火星上，还能看见太阳东升西落。火星公转的轨道面与火星的赤道面倾斜角度为 25.19 度，与地球的倾斜角度 23.5 度相近，这使火星也有了春夏秋冬四季更替。在地质成分上，火星是由硅酸盐岩石为主要成分构成的，与地球的固态岩石表面相似，这也是火星作为"类地行星"的原因之一。火星土壤及岩石还含有丰富的矿物质及各种化合物，这些是生命组成所需的基本物质。人类自古以来生活在地球，早已习惯了高山、平原、沙漠、峡谷等环境，而这些都能在火星上找到，而且火星也有南北两极、大气层。笼罩火星的大气层的主要成分是二氧化碳，人类可将其作为提取氧气的来源，也可用其制作燃料。此外，人类生存离不开水，而火星一直被认为存在水，甚至有证据表明液态水似乎流过火星表面，火星极地的冰盖中存在着大量水冰。这种类地球环境就是人类移居的基础。

但火星移民终究还只是设想，人类对火星的了解有太多美好的幻想情节，因此忽略了火星与地球的不同之处。从体积上看，火星相较于地球甚是渺小。火星直径大概只有地球的一半，体积则只有地球的 15%，难以容纳日渐增多的人类群体。此外，人类并未真的在火星上发现液态水，这只是一种有力的猜想，不能证明液态水真正存在。并且，火星的大气层相当稀薄，氧气含量极低，昼夜温差极大。火星的低重力环境与地球大不相同。同时，大量的浮沉、尘暴以及较强的宇宙辐射也并不适合人类生存[1]。最后，人类想要逃离地球，必须要考虑太阳的影响，太阳一旦膨胀，地球会因此受到波及，蔚蓝星球中一切生命将不复存在。同样地，火星离地球过近，若是太阳膨胀，地球受到重创之时，火星自然在劫难逃。这一系列现象都在说明，太空移

---

① 吴国兴：《恶劣可怕的火星环境》，《太空探索》2005 年第 5 期，第 18—20 页。

民移向火星，在目前看来都只是幻想，难以成为现实。但人类的火星梦从没丢失，探索也未曾止步。

（二）金星

地球另有一"孪生兄弟"金星，其在地球内环运转，有空气和充足日照。在金星的大气层约 50 千米处，气温适宜，约 20 摄氏度，富含二氧化碳和水分。这颗类地行星直径 12092 千米，仅比地球少 650 千米，体积大小相差不大，质量也是地球的 81.5%，而且到太阳的距离也与地球相仿。但这并不代表金星就是人类移民所需的第二个地球。

金星虽然外形酷似地球，但其表面却与人类久居的地面截然不同。金星大气稠密，有 96.5% 是二氧化碳，其余 3.5% 是氮气。它有着 4 颗类地行星中最浓厚的大气层，表面的大气压力是地球的 92 倍。表面的平均温度高达 462 摄氏度，当属太阳系中最热行星。金星可能曾拥有过海洋，但失控的温室效应致使水分完全蒸发。由于缺乏行星磁场，水受光照影响分解成氢和氧，而自由氢又被太阳风扫进星际空间。金星上见不到森林海洋，目光所及之处只有干燥的荒漠景观，以及无尽的岩石[1]。如此看来，金星自身条件并不宜居，但随着人类一系列探索计划的实施，科技不断进步，设施逐渐成熟，或许能使金星具备"第二个家园"的条件，成为人类星际移民的重要补给点。

四、建造太空城的设想

除了找到宜居的星球外，人们也开始设想，自行打造宜居之地，在太空中构建出一座独立于星球之外的太空城，能像在地球生活一样自在舒适。

1926 年，苏联科学家康斯坦丁·齐奥尔科夫斯基就设想，在不久的将来，人类将在地球周围的宇宙空间建立居民点。他设想太空中的失重环境可以用自旋产生人工重力，可以通过人工控制的方法使室内

---

[1] 赵琨：《让我们移民金星》，《军事文摘》2018 年第 18 期，第 42—45 页。

的温度湿度适合于植物生长，用温室种植植物。他大胆预言："选择收获量最大的农作物，在最佳的生长条件下，空间农场的每寸地方都可能充裕地养活宇宙移民。"

美国著名物理学家、普林斯顿大学教授兼太空爱好者奥尼尔提出圆柱形太空集合体概念，并于 1974 年将该集合体的细节、功能等发表在《今日物理学》杂志上，该太空巨型结构即为"奥尼尔圆柱体"。1976 年，奥尼尔在《高空前沿：人类在太空中的殖民地》一书中对"奥尼尔圆柱体"做出正式的设想。"奥尼尔圆柱体"系统由两个圆柱体组成，在轴承上向反方向旋转，以减轻陀螺效应。每个圆柱体长 30 千米，直径 7.5 千米。在太空城中，有森林湖泊、山峰公园，与地球城市并无差别。奥尼尔认为建设这种太空城完全在当时人类的科技水平范围之内，首个月球制造基地的建成就在几年之内。他设想21 世纪初便能建成首个太空城，但显然并未成功。到了 21 世纪，美国蓝色起源公司的创始人杰夫·贝索斯则对奥尼尔的设想产生浓厚兴趣，他所设想的太空城市就是在"奥尼尔圆柱体"中[①]。

太空城的设想暂未实现，人类仍在不断摸索，与太空城类似的就有空间站。有所不同的是，太空城是人类星际移民的移民点，能实现自给自足，而想要在空间站生活，需地球供应物资。为实现在太空自给自足，苏联在"礼炮号"和"和平号"空间站，多次进行植物栽培和粮食作物生产的长期实验，从培植小球藻等藻类实验到各种花卉、蔬菜和粮食作物，让这些植物在太空中经历了从播种到收获的全过程。类似的还有 1991 年美国实施的"生物圈二号"计划、日本的"生物圈 J"计划，都在探索如何在太空中实现自给自足的生活，为将来在太空中建立人类的乌托邦而努力。

---

① 兰顺正：《太空都市，能成为现实吗？》，《太空探索》2022 年第 12 期，第 66—69页。

第六章

太空探索新征程

　　从古至今，从想象到现实，回望总能带来额外的意义，人类历史上向往和探索太空历程的重要时刻都将凝结为新的征程。

第一节　从嫦娥奔月到 SpaceX

一、神秘宇宙与太空想象

　　天空中，日与月遥相辉映。在太阳的照耀下，大地之上万物生长，人们崇敬太阳的力量，并将其奉为神明供养。考古学家在公元前5000年至公元前3000年的河姆渡文化遗址中，已发现中国先民信仰太阳神的痕迹。而在古蜀文明三星堆、金沙遗址中，分别出土的青铜太阳轮形器、眼形器与太阳神鸟金饰等，都反映了古蜀人的太阳崇拜。而根据甲骨文卜辞及典籍记载，至少在夏商周时期，中国百姓仍信奉太阳神是主宰世界之神。在古埃及，太阳神"拉"拥有着极为崇高而特殊的地位，其是埃及的最高神，是一切生命的创造者。古埃及的统治者法老们相信自己是拉神在人间的化身，是"拉神之子"，并以拉神的名义广修神庙、金字塔等。而在美洲大陆的玛雅文化、印加文化与阿兹克特文化的宗教信仰中，太阳神亦是最高神。

　　而月球则是距离地球最近的天体，自古以来，月球便寄托着人们对太空或奇幻或浪漫的想象。在古人眼中，月的盈亏圆缺是一种宇宙规则，苏美尔文明的太阴历、玛雅人创造的"月历"与中国人的农历，便是根据月相制成。古代先民对月亮饱含敬畏与崇拜。苏美尔文明将月亮视为重要的主神之一，苏美尔人将月神称为"南纳"（又称"辛"），是乌尔城的守护神，乌尔第三王朝因此建立，第三王朝的多位君主名字中均包含月神"辛"的名字。不仅如此，他们还将自身的政绩归因于月亮的庇护。古巴比伦文明则更将"月神"奉为最高神，其神秘力量能凌驾一切之上。古巴比伦人以"公牛"象征"月神"，并视其为力量、生殖以及神谕的诸神审判者。在古埃及人与玛雅人的眼中，月神亦是掌管生育的神明。古印度人则相信月亮拥有庇佑大地丰收的力量，月神是"持种子者，持植物者"。

　　古时人们关于月亮的想象，不仅有对其力量的敬畏，更有浪漫的猜想。相传成书于商代的《归藏》中有载："昔嫦娥以西王母不死之药服之，遂奔月为月精。"此为"嫦娥奔月"神话的最早文字记录。战国期间成书的《淮南子》"览冥训"一卷中亦有"羿请不死之药于西王母，姮娥窃以奔月，怅然有丧，无以续之"的记述。经后世演绎，"嫦娥奔月"神话的内容逐渐丰满。人们畅想嫦娥在广寒宫中的恣意生活，有玉兔为伴，与吴刚比邻。

　　时至近代，望远镜的发明使人们能够更加清晰地观测天空中的日月星辰，人们也更加盼望能够真正前往太空一探。1865 年被誉为"科幻小说之父"的法国小说家儒勒·凡尔纳以美国南北战争为《从地球到月球》一书的背景，从中记述了巴尔的摩大炮俱乐部的主席巴比康、费城铠甲制造商尼切尔船长以及法国人迈克尔搭乘由巨型大炮发射的中空锥形炮弹飞向月球，炮弹成为环绕月球的卫星的故事。在续篇《环绕月球》中，凡尔纳叙述了此三人在"奔月"途中遭遇"火流星"，因其引力影响，三人乘坐的炮弹逸出轨道，未能顺利抵月。不过，三人在冒险主义精神的引领下，观测并记录月球面貌。其搭乘的炮弹最终落入太平洋，三人为军舰救起，并受到美国民众的热烈欢迎。1901 年，英国小说家赫伯特·威尔斯在《月球上最早的人类》中叙述了主人公贝德福德与凯沃登陆月球，捕捉昆虫、发掘黄金并探测月球地表的经历。而当人类登月将化为现实之际，小说家们又开始畅想人类的月球生活。1966 年，罗伯特·海因莱因在《严厉的月亮》中便已猜想人类麇居于月球上的生活，并将 2075 年的月球视作是地球流放犯人的殖民地和粮食供应基地。直至今日，人类的月球生活仍是科幻小说的热门背景之一。

　　在想象太阳与月球的同时，古时人们观察、记录、崇拜着太空中的其他天体甚至太阳系外的恒星神秘而强大的力量。例如，在古埃及神话中，便有对象征着天狼星的神祇的崇拜，其将天狼星称为"索普德特"，与其宗教体系中的"母亲之神"伊西斯女神相对应。古埃及人发现，当天狼星现身 7 月的天空之中，尼罗河便将迎来洪水泛滥，这将为古埃及人带来可供耕作的肥沃土壤。在古埃及人制作的太阳历中，其将尼罗河开始泛滥，清晨天狼星正好出现在地平线之日，作为新年的第一天。

二、前太空时代与天文学

地球以外的七颗太阳系行星中，水星、金星、火星、木星、土星五颗行星均可用肉眼观测。来自不同时代、不同文明的天文学家都有在观测、记录太阳系中的行星、彗星甚至太阳系以外的天体。人们在崇拜日、月的自然力量的同时，也在仰望着灿烂星空，乐此不疲地探索着宇宙的奥秘。

关于史前时代人类的天文学活动，部分考古学家、天文学家相信建成于公元前 4000 年至公元前 2000 年的英格兰巨石阵是史前不列颠人天文活动的遗迹。有科学家认为，巨石阵中的几个重要位置，基本都用来指示太阳在夏至当日升起的位置，而巨石阵入口排成 6 行的 40 余个柱孔，或是对应月球运行的 6 次周期。而在东方，距今 5300 多年前的河洛古国的天文家便已用陶罐表示"北斗九星图"，为人类留下了超行星的首次记录。

进入信史时代，公元前 2000 年左右，美索不达米亚平原上的古巴比伦人开始用楔形文字在泥板上记录行星运动，并尝试利用数学知识加以分析。在一批被后世考古学家命名为 Enuma Anu Enlil 的泥板上，古巴比伦人留下了目前已知的最早的有关金星活动的记录。生活在中美洲的玛雅人对于宇宙也有着深刻而高明的认知。他们测算地球公转周期与金星环绕太阳一周的周期，并由此制作了十分精准的太阳历、金星历。

公元前 7 世纪末，古希腊米利都的泰勒斯便已尝试用科学思维解释自然现象。他向人们指出，月球因反射太阳光而发光。公元前 6 世纪，哲学家毕达哥拉斯判定，地球、月球均为球体，并断言地球为宇宙中心，为一圈球形天空所包裹，而天空之外，距离地球由近及远运行着五大行星、月球、太阳，它们环绕着地球匀速运动。柏拉图也赞同毕达哥拉斯对于天体是在进行匀速有序运动的认知，并且判断月球、太阳等天体是分布在以地球为中心的同心球上。柏拉图的学生欧多克斯进一步发展了"同心球"理论，他将太阳、月亮、五大行星的运行解释为是若干套同心球体系的匀速圆周运动相组合的结果。随着亚历山大东征，古罗马帝国的亚历山大城成为西方哲学、天文学思想的中心。公元前 3 世纪，阿波罗尼亚提出本轮均轮体系，解释月球运动，这一体系后为依巴谷通过测算的方式所证实。

文艺复兴时期，达·芬奇绘制了月球表面形貌图，并推测月球明亮斑纹为水，黑暗处为陆地。进入 16 世纪，哥白尼根据其数学假设，提出"日心说"，为天文学带来革命性的新发展。他在《天体运动论》中否认地球是宇宙中心与天体运动的"同心球"理论，指出宇宙中所有天体均围绕太阳运行，且不存在所有天体轨道或天体的共同的中心。哥白尼的这一猜想，为伽利略所证实。利用望远镜这一新发明，伽利略对天体进行了更为细致的观测。他发现了木星的卫星、太阳黑子，观察到月球表面明亮部分为山脉，黑暗部分则可能为海洋，并注意到了土星光环。不过，他将土星光环错认为行星。随着望远镜制作技术的发展，17 世纪下半叶，荷兰天文学家克里斯蒂安·惠更斯使用更为精密的望远镜，完整地观测到土星环，并将之描述为环绕土星的盘状物。此外，他还是第一位绘制火星表面地图的人。这一时期，迈克尔·朗格伦、约翰·赫维留斯、乔瓦尼·里乔利等天文学家尝试更为详细、精巧地绘制月球地形图。其中，里乔利在其 1651 年出版的《新天文学大成》一书中，利用前代天文学家（如哥白尼、伽利略等）的名字为月球上的环形山命名，并将月球暗区的"洋""海""湾"等重新以"风暴洋""澄海"以及"静海"等词汇命名。里乔利的命名办法为后世所沿用，其所拟定的月球各地貌名称几乎全部使用至今。在天体运动的探索上，17 世纪，开普勒、第谷·布拉赫与牛顿进一步分析了行星运动规则，并找出"万有引力"这一致使月球围绕地球公转的原因。进入 19 世纪，太阳光谱学研究更加深入，1800 年威廉·赫歇尔发现在太阳光谱的红色部分之外还存在红外线的辐射。约瑟夫·夫朗和斐于1814年首度发现光谱中的吸收线。1868年，天文学家在太阳光谱中发现了一种新的元素，将其命名为"氦"。

19世纪中叶，人们将相机对准太空。1840年，美国的约翰·德雷珀拍摄了第一张月球照片，也是人类首张天文照片。望远镜及摄像技术的进步，便利了天文学者更为清晰地观察天体表面。不少科学家对月球地貌及其起源兴趣甚浓。英国工程师詹姆斯·内史密斯与天文学家詹姆斯·卡彭特认为月球环形山是火山爆发所致，美国学者格罗夫·吉尔伯特则主张环形山为撞击形成。20世纪60年代，罗伯特·哈克曼与尤金·舒梅克展开月球地层研究，并通过对哥白尼环形山的地层分析验证了"撞击说"。冯·哈特曼则发现了月球上同心环系统的存在，创造了月球"盆地"这一术语。20世纪初，天文学家在太阳研究上也取得突破性进展，1908年美国天文学家乔治·海尔发现黑子具有很强的磁场，1930年法国天文学家贝尔纳·李奥发明日冕仪，这使得随时观测太阳的日冕和日珥的形态及光谱变化成为可能。

三、太空时代与宇宙探索

20世纪中叶，人们不再满足于在地面遥望深空。1957年苏联第一颗人造卫星的发射，标志着人们进入太空时代。

（一）探索月球

1958年起，以苏联、美国为代表，第一波月球探测热潮兴起。1958年8月17日，美国发射第一个月球探测器"先驱者0号"，配备有视摄像机和第一国际地球物理年的部分科学设备。不过，该探测器在发射第一阶段的77秒后在大西洋上空爆炸而摧毁，未能如愿抵达月球。1959年1月，苏联研制的"月球1号"探测器进入日心轨道，并成为人类历史上首个飞越月球表面的探测器。8个月后，"月球2号"探测器升空并在阿基米德环形山和奥多利卡斯环形山之间的雨海处成功"撞击"月球。月球自转周期与地球公转周期相同，因此人类无法直接观测月球背面。1959年10月苏联将"月球3号"探测器送入可环绕月球的地球高椭圆轨道。"月球3号"为月球拍摄了第一张"背影照"并传回地球。该探测器所拍摄的月球背面影像进一步丰富了人们对于月球表面的认知。1964 年 7 月，美国发射的"徘徊者 7 号"月球探测器成功靠近居里克环形山，并传回 4000 余张影像。此次探测任务为美国 1959 年启动"徘徊者"项目以来首次成功完成的任务，为美国航空航天局分析月海、环形山等月球地貌的形成提供了清晰的影像依据。1967 年美国发射的"勘测者 5 号"太空船则实现了在太空的软着陆，并利用其搭载的分析工具取样测试了月球表面的成分。1958 年至 1976 年，美苏竞相将探测器送入太空。据统计，两国共发射 83 个月球探测器，其中 45 个探测器成功着陆月球。在这近 20 年里，美苏对于月球的探测为人们在月球的起源、形状、表面、月球岩石与资源、近月空间及地月系统相互作用与影响的研究带来了新的突破性进展。

不过，1976 年后，受国际局势及探月技术条件影响，各国的月球探测也归于静默。直至 1989 年，时任美国总统克林顿宣布重启月球探测活动，甚至将尝试建立月球基地。他宣言美国在新的世纪要"重返月球，重返未来，而且这一次要待下去"。美国分别于 1994 年、1998 年，发射了"克莱门汀号"卫星与"月球勘探者号"月球探测器，对月球地貌、资源、能源等进行勘查。这一时期，欧洲与日本也加入到月球探测之中。2003 年 9 月 27 日，欧洲航天局将"智能 1 号"探测器送入太空并完成多项探测任务。日本于 1990 年 1 月成功将"飞天号"卫星送入月球轨道，但于 3 年后失灵坠毁。2007 年 9 月 14 日，日本发射了"辉夜号"绕月探测卫星。同年，中国研发的"嫦娥一号"月球探测器升入太空。2008 年印度也加入到月球探测的行列中，10 月 22 日，"月船 1 号"飞船顺利发射。21 世纪第一个十年，以色列、韩国也陆续将本国研发的月球探测器送入太空。2017 年，美国航空航天局提出"阿尔忒弥斯"登月计划，并与欧洲空间局、日本宇宙航空研究开发机构和加拿大国家航天局合作，意图在月球上重建人类存在，建设长期科研基地。该计划的长远目标是在月球建立一个永久基地，并以之为人类登陆火星的跳板。

进入 21 世纪，商业性的航天科技公司也参与到月球探索活动之中，不少企业积极推进载人月球旅行项目。2012 年，太空探险公司、王剑钻石公司以及金道钉公司陆续宣布其月球商业旅行计划，前两者计划购买、改良苏联建造的火箭以及飞船，搭载太空乘客完成绕月旅行。金道钉公司则打算更进一步，自主研发航天服以及月球探测器，并利用现有太空飞船等航天设备，带领"游客"行走月球。2018 年，美国太空探索技术公司公布其将开展的探月之旅的首位乘客——日本企业家前泽友作。太空探索技术公司计划于"星舟"完成首次商业航行后，推出首次月球私人旅行。在商业性的月球旅行项目之外，太空探索技术公司还加入到美国航空航天局的"阿尔忒弥斯"登月计划之中，将利用其成熟的商业火箭生产平台与技术，在"星舟"的基础上打造重返月球的载人太空船。为快速打造"星舟"，截至 2023 年，太空探索技术公司共制造了 40 余个原型机用于测试，并进行了近十次原型亚轨道及轨道飞行实验测试。2023 年 4 月 20 日，"星舟"以及飞船集成系统首次发射。然而，在升空的数分钟后"星舟"便发生爆炸，首飞失败。尽管太空探索技术公司曾壮志雄心地表示，希望能够在 2024 年将人类送上月球，但是此次测试飞行的失败，也意味着太空探索技术公司的商业探月之行与美国航空航天局的人类重返月球计划仍无定期。

对月球这颗距离地球最近的天体的探索，为人类带来了观察其地球家园的全新视角，从月球回望地球这颗蓝色星球，让人们更为直观地意识到"在这浩瀚的宇宙里，地球只是一个脆弱、易受伤和孤独的存在"。吴季在其科幻小说《月球峰会》中畅想 2069 年人类在月球上召开联合国安理会，各国政治家在太空回望地球，共同商议治理有关地球气候变化等因人类活动而带来的地球变化问题，在政治博弈中寻找维护地球安全之道。吴季相信，所有曾从月球回看过地球的人，都会为地球的美丽所震撼，而当其返回地球时，将会更加地珍惜、爱护这片家园。

（二）探测太阳及太阳系其他行星

太阳是人类所在的太阳系的主宰，研究、了解太阳，可以帮助人们进一步认识地球，了解地球所处的空间环境。1960年3月11日，美国发射了人类历史上首颗太阳空间探测器，执行旋转磁场测量、全方向正比粒子计数、宇宙辐射测量等任务，揭开了依托卫星探测太阳空间的序幕。1960年至今，世界各国已发射70余颗太阳卫星探测器，其中1970年发射的OSO-7与1990年发射的Yohkoh号太阳空间卫星探测器，在太阳耀斑观测上取得巨大成功。1995年美国发射的SOHO卫星则堪称太阳空间探测史上最为重要的卫星之一，其对科学家研究太阳内部结构、太阳大气层的物理性质、磁场和日冕之间的关系、日冕物质抛射过程等方面做出重大贡献。2018年美国发射的"派克号"卫星则是目前为止飞行距离最接近太阳的卫星，其探测任务将帮助人们加深对太阳磁场和太阳风来源结构的认识。

科学家们也纷纷将探测器送往火星、水星、木星、金星等七个行星之上。其中，前往火星、金星这两颗类地行星的探测卫星首次发射时间早且数量较多。水星因非常靠近太阳，受太阳重力影响大且无大气层等因素，卫星探测难度高，至今仅有"水手10号"及"信使号"卫星探测器曾经造访。至于天王星、海王星的探测，至今仅有"旅行者2号"卫星探测器曾飞掠此两颗行星，收集图像及行星数据。此外，截至2023年1月，世界各国在彗星、矮行星、小行星探测方面，还发射了30颗相关卫星探测器。

（三）探寻更远边际

数千年间，人类将"嫦娥奔月"的神话化为现实，并尝试跨越太阳系探寻更为遥远的深空。当前，"旅行者1号""旅行者2号""新视野号"这三颗探测器，正飞出太阳系边缘，进入人类眼中漆黑一片的星际空间。1977年发射的"旅行者1号"与"旅行者2号"太空探测器，已分别于2012年、2018年离开太阳圈，进入星际空间，并向人们揭示太阳圈和星际介质间边界的混沌面貌。2015年，于2012年发射升空的"新视野号"空间探测器也进入到太阳系边界的柯伊伯带，开始执行探索柯伊伯带天体小行星"天涯海角"的任务，未来"新视野号"将继续飞往太阳圈，尝试进入星际空间。

第二节　千年飞天梦

一、飞向天空的梦想

（一）翅膀崇拜

"排险者露出那毫无特点的微笑说：'这很难理解吗？当生命意识到宇宙奥秘的存在时，距它最终解开这个奥秘只有一步之遥了。'看到人们仍不明白，他接着说：'比如地球生命，用了四十多亿年时间才第一次意识到宇宙奥秘的存在，但那一时刻距你们建成爱因斯坦赤道只有不到四十万年时间，而这一进程最关键的加速期只有不到五百年时间。如果说那个原始人对宇宙的几分钟凝视是看到了一颗宝石，其后你们所谓的整个人类文明，不过是弯腰去拾它罢了。'"[1] 这是刘慈欣在《朝闻道》中的描写。千百年前的人类社会尚处于萌芽时期，社会中某个不知名成员，在寻常夜晚瞥见头顶星空时，第一次产生不同寻常的好奇，正是这份好奇逐渐生根发芽，促使人类一次又一次尝试腾空而起，飞向天际。

飞向天空的愿望即使在尚未产生文字或有大量文献的时代，就已有迹可循，如人类社会早期对鸟类的普遍崇拜现象。原始社会文化中，以鸟为图腾极为常见，如中国大汶口、龙山、河姆渡、崧泽、良渚文化遗址中出土的大量以鸟为造型纹饰的器具。《诗经·商颂·玄鸟》中，以"天命玄鸟，降而生商"开篇，《史记》中也将秦的始祖追溯为玄鸟。东夷与吴越等部族主要以鸟为图腾，东夷有众多氏族以鸟为族名，如玄鸟氏、青鸟氏等，吴越也有其始祖为鸟的传说。以鸟类为图腾、为名号，反映的是人类对于鸟类飞行能力的向往，是一种

---

① 刘慈欣：《朝闻道》，江苏凤凰文艺出版社 2018 年版，第 15 页。

翅膀崇拜。如《山海经·东山经》所载："又南三百里，曰姑逢之山，无草木，多金玉。有兽焉，其状如狐而有翼，其音如鸿雁，其名曰獙獙，见则天下大旱。"《山海经·中山经》所载："又西三百里，曰鲜山，多金玉，无草木。鲜水出焉，而北流注于伊水。其中多鸣蛇，其状如蛇而四翼，其音如磬，见则其邑大旱。"又如《山海经·西山经》所载："又西百八十里，曰泰器之山。观水出焉，西流注于流沙。是多文鳐鱼，状如鲤鱼，鱼身而鸟翼，苍文而白首赤喙，常行西海，游于东海，以夜飞。"除了将翅膀赋予狐、蛇、鱼身外，还有直接将翅膀与人面结合的想象，如句芒与禺疆，都是被奉为神明的人面鸟身形象。更进一步的还有羽人形象，与人面鸟身相比，羽人的人形完备，后背生羽而貌如仙人。

这种翅膀崇拜不仅存在于中华土壤，同样也在许多其他民族的文化传说中出现。古希腊神话中许多妖怪，如斯芬克斯、戈尔工等都有翅膀。斯芬克斯的造型多变，但都有带翅膀的共同特征，最著名的是人面狮身鹰翼蟒尾的形象；戈尔工则是身长金色羽翼、黄铜利爪、野猪獠牙的蛇发女妖，是怒海之神与海滩女神三女儿的合称，其中最小的便是美杜莎。除了妖怪，许多天神的形象也带有翅膀，如爱神厄洛斯、婚姻之神许墨奈俄斯、商业之神赫耳墨斯等。北欧神话里，也存在许多会飞翔的生物和飞行道具，例如精灵、八足天马和龙，以及神明的羽衣。

希腊神话里有一篇著名的伊卡洛斯飞翔故事。克里特岛的国王米诺斯邀请技艺超群的雅典工匠代达罗斯为其建造迷宫，用于囚禁其半人半牛的怪物儿子弥诺陶洛斯。事成后米诺斯将工匠父子两人也关在其中。伊卡洛斯与其父代达罗斯为了逃离迷宫，将收集的鸟羽用蜡制成翅膀，但在飞行中年轻的伊卡洛斯得意忘形，不顾劝告飞向高空，被激怒的太阳神阿波罗放出灼热之光，以致蜡融化，伊卡洛斯最终坠海身亡。这一传说经过罗马作家奥维德加工后写成长诗《变形记》，更加广为流传。伊卡洛斯是希腊神话中第一个直接利用翅膀飞翔的凡人，他结束了人类短暂的生命，作为壮志未酬的英雄成为永恒。以伊卡洛斯为题材的艺术作品更是数不胜数。20世纪末，木心曾评价伊卡洛斯："艺术家、天才，就是要飞。然而飞高，狂而死。"振翅高飞、直冲云霄的行为，还被寄予着才华、理想与挣脱束缚等特殊含义。

众多神话、传说中与翅膀和飞翔相关的形象、故事，无不寄托了人类对天空朴素的向往。云间的世界、月亮之上的空间还有人类目光所及之外的天际处，有太多疑问无法解答，让人不禁浮想联翩。

人类对天空原始的好奇与幻想随着天文学的发展，逐渐转化为探索天空的热情。这种热情在文学上呈现为许多天马行空的设想，尤其以人类最为熟知的天体——月球为目标。早在公元2世纪，叙利亚萨莫萨塔的卢西安的《信史》中就有一段描写：英雄们被一股巨大的海上龙卷风托起，七天七夜后抵达月球。著名天文学家开普勒在1634年出版的小说《梦》中讲述冰岛男孩杜兰塔斯借助半神之力成功挣脱地球引力登上月球的故事。1865年法国作家儒勒·凡尔纳的小说《从地球到月球》中第一次出现了较多科学技术细节，详细计算向月球发射飞船的速度与角度，在1998年被改编为科幻电影，开启了技术类登月科幻小说的先河。

（二）借助机械之力

与诸多精彩绝伦的想象一同出现的，还有各种实践层面的尝试。风筝，又称纸鸢、纸鹞，发明于距今2400多年的春秋战国时期，是人类所制造的最早的飞行器。相传最早墨翟以木制鸟，而鲁班改进了材质，《墨子·鲁问》中道："公输子削竹木以为鹊，成而飞之，三日不下。"传说鲁班此举是为了乘坐风筝飞越宋国城池，为进攻做准备。早期的风筝多用于军事行动，有传递讯息的功能。东汉年间蔡伦改进造纸术后，以纸为材料的风筝逐渐占据主流，至唐朝时期，风筝逐渐转变为民间风俗，开始在社会上普及，大量有关的诗歌被创作出来，流传至今，如寇准的"碧落秋方静，腾空力尚微。清风如可托，终共白云飞"。又有陆游的"雨余溪水掠堤平，闲看村童谢晚晴。竹马跟踉冲淖去，纸鸢跋扈挟风鸣"。中国人往往在风筝上绘制具有吉祥寓意的图案，将美好的愿景放飞天空。

风筝迎风而飞，依靠的是空气流速差导致气压差从而产生的升力，以及风筝线提供的牵引力。1738 年"流体力学之父"丹尼尔·伯努利发现并阐明了该现象，称为"伯努利定理"，即流动速度增加，流体的静压将减小，反之则增大。1903 年 12 月 17 日，莱特兄弟设计、制造并驾驶了第一架受控、具有动力且重于空气的飞机，这种飞行器也基于"伯努利定理"，现今已经发展为成熟的交通工具，载着千万人翱翔天际。与此类似的原理相通的发明，还有走马灯与燃气涡轮发动机、竹蜻蜓与直升机、孔明灯与热气球等。1783 年法国科学家罗奇尔和军官安兰蒂斯侯爵利用面世不久的热气球完成航行。之后屡有人尝试利用热气球前往更高的空中，把纪录提升至平流层。1852 年亨利·基法尔首次利用蒸汽动力飞艇进行飞行，改善了热气球难以掌控方向的缺陷。

前人在进行创造时透露出的朴素的智慧和敏锐的洞察力令人钦佩，科学发展的道路上，观察与思考是必不可少的一步，这一过程中人类将零散的巧思逐渐构建为有体系的经典物理学大厦。有了日趋成熟的理论知识和逐渐丰富的实践经验，人类终于获得双翼，拥有能力一展宏图，向着更高、更远的地方出发。

就在莱特兄弟发明飞机的同年，康斯坦丁·齐奥尔科夫斯基发表了《利用喷射工具研究太空》，第一次概述了他的太空飞行理论，并发表了火箭到达太空的基本方程，即"齐奥尔科夫斯基方程"。这位从小就对星际旅行可能性着迷的人，花费数年时间反复思索，终于踏出了火箭领域的第一步。1926 年 3 月 16 日罗伯特·戈达德发射了世界上第一枚液体燃料火箭，该火箭达到了 12 米的高度。当他提出火箭能以足够快的速度离开地球到达月球时，诸多媒体报纸都报以毫不留情的嘲笑。但事实上，他的诸多想法如多级火箭和逃逸速度的概念，均已成为现代火箭科学的重要部分。1923 年，赫尔曼·奥博特将他被批为"乌托邦式"的博士论文私下出版，名为《飞往星际空间的火箭》，1929 年又将其扩充成了一本 429 页的书，名为《太空飞行之道》。数年后他的学生冯·布劳恩评价他说："赫尔曼是第一个想到宇宙飞船可能性的人，他拿起计算尺，用数学方法分析了概念和设计。他不仅是我人生的指路明星，也是我第一次接触到火箭技术和太空旅行理论和实践时的引领者。他在航天领域的开创性贡献应该在科学技术史上占有一席之地。"①

　　1957 年 10 月，随着第一颗人造地球卫星"斯普特尼克 1 号"升空，人类期盼已久的太空时代来临，千年飞天梦终于成为现实。

二、当我们身处深空

（一）宇宙图景

　　1944 年德国纳粹研发的 V－2 火箭升空，这种超声速火箭首次抵达太空边缘，是现代航天运载火箭和远程导弹的先驱。其研发者冯·布劳恩在战争结束后作为"回形针行动"的一员，同约 1600 名其他德国科学家、工程师和技术人员秘密转移到美国。1958 年，他参与开发的美国第一颗太空卫星"探索者 1 号"发射升空。之后，美国陆续发射了几十个航天器，环绕地球，探索金星、火星、木星等。1977 年，美国朝着不同方向发射了两艘"旅行者号"探测器，与以往不同，它们不会在任何天体上停留或环绕其旋转，而是直奔无垠深空，开启注定没有归途的旅程。

　　1990 年，"旅行者 1 号"正在以 6.4 万千米每小时的速度远离太阳系，2 月初时它接到了一则卡尔·萨根说服美国航空航天局发送的紧急命令，它调转相机回望来路，拍下那一张震撼人心的图片——在无边的黑暗中，有一个暗淡蓝点，那就是地球。在天空深处，这样遥远的尺度上，地球不再看得出任何细节，一切宏伟建筑、工业奇迹、无边的森林与草原全都消失不见。我们的地球只是一个光点，一个孤独的像素。航天器深入太空，是人类视界前所未有的延伸，太阳系的原貌被逐渐还原：在太阳系最内侧，有一颗有绵延数百千米、落差达

---

①　Oberth Museum, "Hermann Oberth Museum", https://web. archive. org/web/2011052 6061405/http://www. oberth－museum. org/index_e. html.

到几千米的巨大断崖的星球——这种独特的地形称为"皱脊"。它的外圈有一颗缓慢反向自转的星球，呈耀眼的金色，且因潮汐锁定永远只有一面朝向太阳。一圈"碎石"的后方，有一颗橙红色星球，其南北半球有着截然不同的地貌特点。更外侧则是一颗巨大星球，被旋转的云层和肆虐的风暴包裹，花纹如同一颗檀香木球；一颗土黄色星球，有明亮的星环和六边形漩涡；一颗色如晴空的星球，几乎"躺着"自转；一颗色如深海的星球，有美丽的光环。这些奇特的景象远比童话世界更超乎想象。

更远方的空间人类尚无法抵达，但在宇宙中奔腾的光子穿越数光年的距离进入了人造的巨大"捕获器"，通过光学仪器和电子元件，将深空的图景带到眼前。这些图景极大地改变了人类的认知。早期天文学认为所有天穹的光点是围绕地球旋转的星星，即"地心说"，但后来随望远镜技术发展，越来越多的证据表明这些光点既非单纯的恒星，也非围绕地球而旋转，出现了"日心说"等新理论模型对传统观念发起冲击，人类视野也拓展到太阳系外的宇宙深处。在大口径望远镜的观测下，一些星点被分解成模糊的云雾，被称为"星云"，人类定义的第一个河外星系——仙女座，起初被波斯天文学家阿卜杜勒-拉赫曼·苏菲描述为"朦胧的污渍"。1745 年法国天文学家皮埃尔·莫佩尔第推测这个模糊的小点是一座宇宙孤岛，这种"宇宙岛"假说在康德的《自然通史和天体论》中得到明确阐述。1764 年查尔斯·梅西耶将其编入目录，称为 M31。1751 年，威廉·赫歇尔在仙女座的核心区域发现了微弱的红色调，估计地球到仙女座星云的距离"不超过天狼星距离的 2000 倍"，也就是大约 1.72 万光年，而事实上现代对这一距离的测算是 245 万光年。直到 1923 年，埃德温·哈勃在仙女座星系中发现了第一颗造父变星，证实了 M31 的距离远远超过银河的大小，确认了其河外星系的本质。2004 年 5 月 9 日，哈勃望远镜发布了一张哈勃超深场照片，里面包含了近一万个星系，而照片所拍摄的天域在肉眼观看下非常空旷，只能在观测条件极好的夜空看到几个微弱的光点。人类眼中的宇宙图景在经历十几代人的求索后，逐渐清晰起来——地球并非世界中心，而是围绕银河系旋转的太阳系中的行星之一，银河系之外还有数以亿计的星系，其本身也可能从属于更大的上层结构。放眼整个宇宙，地球所处的地位实在微不足道。

（二）飞往何方

目前，人类能观测到的宇宙直径在 930 亿光年左右，这或许远不及宇宙的边缘。挣脱地球引力拘束后，人类看到的宇宙图景远超设想，过于庞大的尺度、持续膨胀的时空，让人心惊胆战又心驰神往。各大航天机构或商业公司都在陆续推出未来数年内的太空发展计划，包含探索木星及其卫星、火星、重要小行星，侦测瞬变天象、暗弱天体和暗物质，探索地球起源以及类地星球等等。1969 年 7 月 20 日，"阿波罗 11 号"在月面着陆，阿姆斯特朗的脚印留在月壤上；1995 年 12 月 7 日，"伽利略号"抵达木星并首次进行长时间观测；2015 年 7 月 14 日，"新地平线号"飞掠冥王星，朝着柯伊伯带前进。从距离来看，这样的"扩张"速度很惊人，人类文明从诞生到地理大发现时期实现互通互联用了近 2000 年，从地球前往月球用了不到 500 年，而从月球前往冥王星轨道，即太阳系内圈边缘只用了 40 年，走过的距离却是地月距离的 40 倍。太空时代爆炸式的技术增长催促人类踩着不断加速的鼓点，紧锣密鼓地筹划下一步目标。卡尔·萨根曾畅想，若有一天人类成为星际文明，将如何回望来路，缅怀那颗天空中暗淡而脆弱的蓝点："我们要跨越多少河流，才能找到我们要走的道路？"①

---

① ［美］卡尔·萨根著，叶式辉、黄一勤译：《暗淡蓝点：探寻人类的太空家园》，人民邮电出版社 2014 年版，第 343 页。

尾声　光年之外的故事

一、银河之瀚

人类栖居的地球，仅是银河系数千亿行星中的一颗。人类身处银河系之中却难见其全貌，对于银河系的认识也经历了数千年的漫长变化。

古希腊人称银河为"乳之路"，在其神话叙事中，天后赫拉为海克力斯这位半人神婴儿哺乳时，因啃咬之痛将其推开，乳汁撒在天空形成银河。古埃及人相信银河是尼罗河在天空中的倒影。在东方，古老中国的人们观察夏夜星空，利用夏季大三角与银河编织牛郎织女的美丽爱情故事：天庭王母娘娘的女儿织女与人间生活凄苦的牛郎相识成婚，并育有一双儿女，但两人恋情为王母所知，织女遭天兵押回天庭，牛郎带着儿女追赶，在即将相逢之时，王母乘祥云而至，用金簪在二人之间划出一道无法横越的天河。王母与其他天神感念二人的坚贞爱情，允准牛郎和孩子们留在天上，每年七夕一家人借助喜鹊搭设的"鹊桥"方得见面。

人们在给予银河奇幻而浪漫想象的同时，也在探索着银河的奥秘。古希腊哲学家亚里士多德笃信，银河是地球的水蒸气，是一种大气现象。而德谟克利特则判断，银河是由无数恒星构成的，大多数恒星过于暗淡，故而难以辨识。17世纪初，伽利略证实了德谟克利特的猜想。他借助望远镜证实并定位了众多肉眼不可见的恒星，发现银河虽从地面观测若云雾，实则是由许多恒星组成的集团。1750年，英国天文学家汤姆斯·莱特发表的《宇宙起源理论的新假说》一文中解释，银河的外观是由于邻近的恒星聚集与沉浸在平坦的一层所引发的光学现象。德国哲学家康德则发展了莱特的银河假说，他指出，银河是恒星组成的盘状物，如同太阳系行星绕日公转，银河中的恒星也在围绕某个中心公转。英国天文学家威廉·赫歇尔及其妹利用其发明建造的大型反射望远镜计算了天空不同方向的恒星数量，雄心勃勃地计划制作银河全图。赫歇尔发现，大多数恒星都位于环绕天空的扁平结构之中，并推测太阳靠近银河的中心位置。不过，赫歇尔对太阳位置的推算，忽略了星际物质的存在，未能察觉到银河的全貌，因而错误地将太阳放置在银河系的中心。不仅如此，由于无法确定视差以衡量恒星间的距离，赫歇尔也无法估算银河深度。直至19世纪30年代，天文学界才首度成功测算出恒星视差。1838年，德国的弗里德里希·贝塞尔利用三角视差法测量出天鹅座61的视差。这一发现意味着银河深度测算成为可能。至19世纪末，科学家已测算出数十颗恒星。

　　20世纪初，荷兰天文学家雅各布斯·卡普坦利用日臻完善的摄像技术，在天空中均匀、随机地选出206个区域，并与世界各地天文学家合作，进行恒星计数。卡普坦根据这一结果，建立岛宇宙模型，并通过测算恒星自行和视差，描绘银河架构，估算银河系大小。他认为银河系为透镜状，直径约为5.5万光年，厚度则为1.1万光年，包含有474亿颗恒星。与赫歇尔相同，卡普坦的银河架构模型也建立在宇宙中不存在星际物质的假设之上，且相信太阳位于银河系中心，距离银心为2000光年至3000光年。与此同时，美国天文学家哈洛·沙普利在测算银河系大小与太阳在银河系中位置这两个问题上则得出了与卡普坦截然不同的答案。沙普利相信球状星团是银河系的"骨架"，其利用造父变星、星团变星以及已知球状星团距离，估算出百余个球状星团到地球的距离，据此绘制出银河系形状。沙普利认为，银河系的直径为33万光年，而太阳位于银河系边缘，距离银心距离约为6.5万光年。对于沙普利而言，银河系就是全宇宙。然而，1923年埃德温·哈勃关于仙女座位置的新发现，证实宇宙极为庞大，且充斥着与银河系相似的其他星系。当前，天文学家普遍认为银河系的直径介于

10 万光年至 18 万光年，拥有约 1000 亿至 4000 亿颗恒星。

关于银河系的形状，在 19 世纪中期，斯蒂芬·亚历山大、理查·普罗克特等天文学家已观察到银河为旋涡形态。20 世纪中叶，威廉·摩根同唐纳德·奥斯特布罗克以及斯图尔特·沙普利斯共同量测 O 型和 B 型恒星，发现了银河系中旋臂的存在。这一时期，天文学界大多认为银河系为有两条旋臂的旋涡星系。20 世纪 50 年代射电和红外天文学兴起，借助射电和红外辐射，天文学家发现银河系旋臂上的大质量恒星形成区中除了有光学辐射的天体之外，还有更多的、在光学不可见的射电和红外辐射天体以及孕育它们的冷分子气体和尘埃，并探查到银河系边缘。20 世纪 70 年代，天文学家已推翻了此前关于银河系旋涡形状的猜想，并进一步确认银河系为核球较小且旋臂缠绕宽松的棒旋星系。2020 年，《科学美国人》杂志刊登了由美国科学院院士马克·里德与南京大学天文与空间科学学院郑兴武教授关于银河系结构的研究成果。两人率领的研究团队，用甚长基线干涉技术精确测量位于银盘上近 200 个大质量恒星的距离和自行，得到银河系旋臂的结构、太阳系的位置以及它绕银河系中心旋转的速度，绘制出迄今最为精确的银河系结构图。这一成果再度证实银河系为棒旋星系，且具有四条旋臂，分别是英仙臂、人马—船底臂、矩尺臂和盾牌—半人马臂。[1]

天文学家也尝试探索银河系的演化历史。2004 年，天文学家使用甚大望远镜的紫外线视觉矩阵光谱仪在球状星团 NGC 6397 的两颗恒星内发现了铍元素，并由此推测银河系约形成于 130 亿年前。2022 年 3 月《自然》杂志刊载德国马普天文研究所的研究人员向茂盛博士与汉斯·里克斯教授利用中国国家天文台运行的郭守敬望远镜与欧洲空间局天体测量卫星盖亚望远镜的巡天观测数据，按照时间序列清晰还原了银河系"幼年"和"青少年"时期的形成与演化图像。根据两

---

[1] Reid, M. J., Xing-Wu Zheng, "New View of the Milky Way", Scientific American, Vol. 322, No. 4, 2020, pp. 28–35.

位学者的研究，银河系的集成和演化历史分成两个明确的阶段，分别为 130 亿年前至 80 亿年前的早期阶段与 80 亿年前至今的晚期阶段。其中，前一阶段形成了银河系的厚盘和银晕，后一阶段则形成了银河系薄盘。研究团队发现，早期厚盘要比今天人类观测到的主要恒星银晕结构领先 10 年至 20 亿年形成，但大多数厚盘恒星却形成于约 110 亿年前的一次集中爆发，并暗示这一形成活动受到百手巨人恩塞拉都斯矮星系碰撞银河系事件的显著激发。这些研究发现更新了人们对银河系早期形成的认知，为人类揭开其所在的银河系的"庐山真面目"以及探究银河系之外的宇宙空间提供了新的线索。①

二、外星生命

世界各处发现外星人与其搭乘的不明飞行物的传闻不绝于耳，不少人相信外星文明的存在，却又难以证实。在古罗马时代，作家卢西恩便曾设想月球同地球一样有生命居住。而在世界近现代时期，开普勒、赫歇尔等天文学家也相信火星上存在智慧生命。然而，至今人类尚未发现火星存在生命的迹象。实际上，在 1950 年，物理学家恩里科·费米在一次非正式讨论中，便曾质疑如果银河系存在大量先进的地外文明，为何未看到飞船或者探测器之类证据。这一疑问被称为"费米悖论"，它的提出促使科学家尝试通过科学手段探索银河系中的地外文明。

1960 年，德雷克首次使用无线电搜寻外星生命，但却并未收到回复。1961 年德雷克在其主持召开的首次搜寻地外文明计划的会议上，提出一条用来推测在银河系内可能与人类接触的外星智慧文明数量的方程式。德雷克为这个公式引入了七个因子，分别为恒星诞生的速率、恒星拥有行星的概率、每个行星系内宜居行星的数量、行星上演化出生命的概率、生命进化出智慧的概率、智慧生命能够进行通信的

① Xiang, Maosheng, Hans－Walter Rix, "A Time－Resolved Picture of Our Milky Way's Early Formation History", Nature, Vol. 603, No. 7902, 2022, pp. 599－603.

概率以及该文明可被探测到的平均时长，七者相乘，便可得出银河系内可探测到的文明的数量。德雷克认为，根据上述因子变数不同，公式所得数值为 1 亿至 10 亿。事实上，德雷克并非意在得出某个精准的答案，而是意欲提出一个思考宇宙生命的框架，为人类探索地外文明指明新方向。20 世纪 60 年代以来，科学家们一直积极寻找已知的恒星诞生速率以及其他恒星以外的数值。

1974 年，德雷克主持"阿雷西博信息"项目，向距离地球 25000 光年的球状星团 M13 发射无线电信号，寻找地外文明。这一时期，美国、澳大利亚、苏联、法国的无线电天文学家也积极探测外星生命，截至 1975 年，天文学界共实施了约 14 项观测计划。在其后的 10 年里，又实施了约 25 次附加的短期项目，但至今未有回音。2023 年 4 月，美国加利福尼亚大学伯克利分校有研究团队通过推算，预估人类最早可能会在 2029 年收到外星生命发出的回复信息。不过，也有学者认为人类接收外星文明信号回音的可能性微乎其微。该团队同校研究者、射电天文学家让 - 吕克·马戈特悲观地认为，"我们微弱的、不那么频繁的传输不太可能让外星人发现人类"。

在德雷克公式提出后，亦有不少天文学家尝试调整或改写这一公式。2013 年，美国麻省理工大学天体物理学家萨拉·西格尔提出她的新计算公式。不同于德雷克，西格尔不再关注外星生命是否具有智能，是否能使用无线电发射信号，而是转向分析星球上的生命数量是否多到足以改变星球大气层的化学成分组合，借助这一点，科学家能够通过大气层的分析探测各星球上生命存在的可能性及其存在形式。不过，与德雷克公式一样，西格尔公式中不少因数的数值也无法确定，故而亦无法算出准确数值。2020 年 6 月，《天体物理学》杂志发表了英国诺丁汉大学天体物理学家克里斯朵夫·康塞利斯和汤姆·韦斯特比的论文，文章中他们使用新的因数和假设前提调整了德雷克公式。他们假设银河系其他类似地球的星球上，智慧生命的形成和进化跟地球文明演化进程相同，且智慧生命的形成有科学规律，根据天体生物学哥白尼极限原则，在较宽松的哥白尼理论弱极限假设下，他们推算出银河系目前至少有 928 个外星智慧文明。而在强极限假设下，他们认为银河系目前与地球文明类似的活跃的、具有交流能力的外星文明的数量为 4 个至 211 个，其中可能性最大的数值是 36 个。①

部分科学家认为康塞利斯等人的计算结果及其假设有其合理性，但目前人类寻找外星文明的努力还是着眼于离地球较近的太阳系行星更现实。当前，美国航空航天局发射的"毅力号"火星探测器正积极探索火星生命的线索。"毅力号"已在杰泽罗陨石坑底部发现一个古老的三角洲—湖泊系统和洪水沉积物，待其返回地球后，研究团队或能够根据采样的沉积物辨识火星是否曾经存在生命。而欧洲航天局的木星冰卫星探测器也于 2023 年 4 月发射升空，亦将探寻木星的冰冷卫星中是否存在生命栖息。正如康塞利斯等人在其发表的论文中所言，"对外星智慧文明的搜寻不仅揭示了生命形式的存在，也为我们自己的文明将持续多久提供了线索。即使我们一无所获，我们也在探寻自己的未来和命运"。通过探寻地外文明，人类文明也将加深对自身的认知，更为深刻地思考自身自何处来，而又将去往何处。

三、银河之外

（一）拉尼亚凯亚超星系团

在现代天文学技术的发展中，人类成功观测到众多引人注目的河外星系，其中不少因造型奇异而广为人知。如著名的草帽星系，位于室女座，它的核子非常明亮，中部隆起，四周环绕着庞大的黑色尘埃带，让整个星系形似草帽；黑眼星系，位于后发座，是两个恒星系相撞后形成的内部运动复杂的系统，因外部形状怪异又神秘壮观的黑色尘埃带而闻名。此外，在观测条件良好的夜空中，除却横亘天际的银河系，还能通过裸眼观测到一些亮度较高的河外星系，如北半球的仙女座星系和三角座星系，以及南半球大麦哲伦星系和不远处的小麦哲

---

① Tom Westby, Christopher J. Conselice, "The Astrobiological Copernican Weak and Strong Limits for Intelligent Life", Astrophysical Journal, Vol. 896, No. 1, 2020, pp. 1 – 18.

伦星系。

事实上，星系也非宇宙中毫不相关的独立个体，如银河系就具有多个卫星星系——人马座矮椭球星系、大犬座矮星系、小熊座矮星系、天龙座矮星系以及大麦哲伦星系和小麦哲伦星系等，它们受到银河系引力牵引而绕其旋转，有些已出现明显形变。这些星系皆归属于一个上层宇宙结构——本星系群，其包含大约 50 个星系，质心位于银河系与仙女系之间，覆盖区域约为 1000 万光年的区域。该星系群的另外两个大质量成员分别是仙女座星系和三角座星系，前者也拥有众多卫星星系，而三角座星系是否为仙女座星系的伴星系，这一定位尚有争议。

本星系群又从属于更上层的宇宙结构——本超星系团，即室女座超星系团，该超星系团涵盖了至少 100 个星系群，约 1 亿光年的空间，中心区域位于距地球 6000 万光年的室女座。这一发现始于人类对星云的观测，发现室女座有异常大量的星云，1950 年法裔美国天文学家热拉尔·佛科留斯第一个认为这些多出的星云是一种类似星系的大尺度星系结构，在 1953 年称之为"本地超星系"，1958 年则改称为"本超星系团"。这一超大尺度宇宙结构存在的真实性起初受到质疑，争论不断，最终在 20 世纪 70 年代末 80 年代初通过红移观测得到证实。1982 年来自夏威夷大学马诺阿分校的布伦特·塔利讨论了许多超星系团的基本结构，认为其包含两部分：一是一个涵盖约三分之二的明亮星系的可分辨平坦盘面，二是涵盖其余三分之一明亮星系的大致呈球形的晕。

2014 年 9 月，塔利等几位天文学家发表了一种根据星系的相对速度定义超星系团的新方法。新的定义将室女座超星系团归为更巨大超星系团的附属物——拉尼亚凯亚超星系团。"拉尼亚凯亚"在夏威夷语中是"无尽的天堂"之意，由任教于卡比奥拉尼社区学院的夏威夷语副教授纳瓦·拿破仑提出，旨在向利用天文知识在太平洋中航行的波利尼西亚人致敬。该星系团包含了此前被认为相互独立的三个超星系团：室女座超星系团、孔雀—印地安超星系团以及包含了拉尼亚凯亚超星系团重力中心的长蛇—半人马超星系团，涵盖约 10 万星系，5.2 亿光年的空间，质量是太阳的 10^{17} 倍。塔利等发现，该超星系团呈纤维结构，"星系聚集在星系团中或沿着细丝聚集，并在被称为空洞的大区域中消失。星系高度集中的扩展区域被称为'超级星系团'"。[1] 他们通过测算奇异速度，并将其转换为物质分布图，发现在一定表面所包围的体积内，除去平均宇宙膨胀和长距离流量后，星系的运动是向内的，该区域就被定义为人类所处的家园超星系团的范围，即拉尼亚凯亚超星系团。

邻近拉尼亚凯亚超星系团的其他超星系团有夏普力超星系团、武仙座超星系团、后发座超星系团、英仙—双鱼超星系团。这些超星系团和拉尼亚凯亚超星系团之间的边界在拉尼亚凯亚超星系团被确认存在时仍无法清楚地判定。有证据表明拉尼亚凯亚超星系团正对着夏普力超星系团移动，这两者可能是更巨大、更复杂的宇宙结构的一部分。

（二）可观测宇宙

尽管拉尼亚凯亚、夏普力这样的超星系团并不是人类观测宇宙的极限，但极限仍是存在的——可观测宇宙在大爆炸宇宙学的定义中，包括了人类迄今在地球上观测的和可能观测到的所有星系和其他的物质。以宇宙的各向同性[2]为假设前提，则可观测宇宙是一个以观测者为中心的球形空间，即哈勃体积，该空间内的物体发出的光有足够时间抵达观测者。

天文学家通过遥远星系的红移对古老恒星进行研究，以及后来使用 Lambda – CDM 一致性模型进行估算，得出目前认同度较高的结论是宇宙年龄为 137.97 ±0.37 亿年。然而在 2023 年，拉金德拉·古普塔发表在《皇家天文学会月刊》的研究将宇宙年龄提高到了 267 亿

---

① R. Brent Tully, Hélène Courtois, Yehuda Hoffman, Daniel Pomarède, "The Laniakea supercluster of galaxies", Nature, Vol. 513, Sep. 2014, pp. 71 – 73.
② 即宇宙在大尺度范围各个方向上其物质运动状况都大体相同。

年，他引入了弗利茨·兹威基的累光理论①和保罗·狄拉克假设的"耦合常数"的演化概念②，形成新宇宙学模型，对主流模型形成冲击，但也为所谓"不可能的早期星系问题"提供了新线索。

但由于宇宙的膨胀，人类观测到的物质并不处于静态的 137 亿光年或新提出的 267 亿光年的位置上，而是比观测时更远。哈勃定律证明了在真实的宇宙中时空是弯曲的，简单以光速乘以宇宙时间得出的距离并不具有物理学意义。目前人类最远只能观测到宇宙从不透明变为透明的临界最后散射面，即宇宙微波背景辐射光子的来源地，以此推算可观测宇宙的直径估计约为 930 亿光年，但这一数值是理论极限，而非现实技术极限。在未来的技术下，人类可能观测到更古老的宇宙中微子背景辐射，甚至能够通过引力波探测来推断更早的信息。

（三）遥不可见的星河

可观测宇宙与真实宇宙的关系一直为人津津乐道，一般认为可观测宇宙只是真实宇宙的一部分，但也有观点提出：真实宇宙可能小于可观测宇宙。在这种情况下，观测者所认为的距离很远的天体，其实只是一个较近天体发出的光环绕宇宙移动而产生的复制影像。

而在另一种情况下，宇宙视界就像一道坚实的墙壁，将其外的宇宙空间隔绝开来，在这之外的任何物质或信息都不可能被捕捉到。尽管宇宙中部分过于遥远的区域——大爆炸以来这些区域内发出的光线未能有足够的时间到达地球，在未来将因光线获得了更多的光行时间而成为可观测宇宙的一部分。但是根据哈勃定律，宇宙中足够遥远的区域以超过光速的速度膨胀，远离地球而去，在无限未来的任意一个时间点都永远无法进入可观测宇宙的范围。同时越来越多的星系将因宇宙膨胀而不断获得更大的红移值，逐渐从视界内消失，成为遥不可

---

① "累光假说"是弗里茨－兹威基于 1929 年提出的，作为宇宙膨胀理论的替代方案。该假说的基本观点是，宇宙膨胀所导致的红移是由于光子在穿越宇宙时与尘埃、气体或能量场相互作用而失去能量。

② 耦合常数是控制粒子间相互作用的基本物理常数，狄拉克认为这些常数可能会随着时间的推移而变化。

见的星河的一部分。

20 世纪 90 年代后期，天文学家发现宇宙不但处于膨胀状态，膨胀的速率还在加快，这表明可能有一股巨大的未知能量促使宇宙加速膨胀，被称为"暗能量"①，同时宇宙中的大量质量以不可见的方式存在，被称为"暗物质"②。目前，人类对暗物质与暗能量的研究还十分表浅，对与其息息相关的宇宙终极命运也有诸多推测：一是热寂论，最早由英国物理学家威廉·汤姆森推导出，认为根据热力学第二定律，宇宙的熵会随时间流逝而增加，由有序走向无序，当熵达到最大值时，宇宙中的其他有效能量已悉数转化为热能，所有物质达到热平衡，这种状态称为热寂；二是大坍缩论，许多著名科学家如爱因斯坦和霍金都曾认同这种观点，认为宇宙引力会使得宇宙的膨胀状态反转，不断收缩直到成为一个奇点；三是大撕裂论，由罗伯特·卡德维尔提出，认为若暗能量的斥力持续增加，其主导力会超越宇宙四种基本力，到达极限时将撕裂宇宙中一切物质；四是循环宇宙论，由罗杰·彭罗斯提出，他结合热力学第二定律和哈勃定律，认为宇宙膨胀达到一定限度后会慢慢回缩，坍缩成一个奇点，等到质量与密度达到极限时会再次爆炸，产生新的宇宙，而这一过程中不会丢失能量。此外还有多重宇宙、子宇宙等理论。

"宇宙是在变化的，它有它的生命。"这片浩渺时空瞬息万变，人类上下求索数千年，每一个时代都有新的发现，冲击或完善此前的认知，至今仍无人断言在科学层面上已知晓关于宇宙的真相。但这个主题将吸引一批又一批学者不断投身其中，在探索的道路上艰难又乐此不疲地行进。

---

① 指一种作用于时空结构本身的能量，并且是种均匀的负压力，会导致时空结构膨胀。

② 指一种不与电磁力产生作用的物质，即不吸收、反射或发出光。

图书在版编目（CIP）数据

逐鹿太空：迈向太空的新征途／刘镓，张琨著.
北京：时事出版社，2025. 3. -- ISBN 978 - 7 - 5195
- 0641 - 4

Ⅰ. V11

中国国家版本馆 CIP 数据核字第 2024EZ9909 号

出 版 发 行：时事出版社
地　　　　址：北京市海淀区彰化路 138 号西荣阁 B 座 G2 层
邮　　　　编：100097
发 行 热 线：（010）88869831　88869832
传　　　　真：（010）88869875
电 子 邮 箱：shishichubanshe@ sina. com
印　　　　刷：北京良义印刷科技有限公司

开本：787 × 1092　1/16　印张：13. 5　字数：200 千字
2025 年 3 月第 1 版　2025 年 3 月第 1 次印刷
定价：125. 00 元
（如有印装质量问题，请与本社发行部联系调换）